广州地区绿色建筑常用技术构造做法参考图集（一）

杨建坤　江向阳　张　楠　主编

中国建筑工业出版社

图书在版编目（CIP）数据

广州地区绿色建筑常用技术构造做法参考图集（一）/
杨建坤等主编. —北京：中国建筑工业出版社，2017.12
ISBN 978-7-112-21311-5

Ⅰ.①广… Ⅱ.①杨… Ⅲ.①生态建筑-建筑设计-
图集 Ⅳ.①TU201.5-64

中国版本图书馆 CIP 数据核字（2017）第 245242 号

责任编辑：杨 允
责任校对：王宇枢 王 烨

广州地区绿色建筑常用技术构造做法参考图集（一）
杨建坤 江向阳 张 楠 主编
*
中国建筑工业出版社出版、发行（北京海淀三里河路9号）
各地新华书店、建筑书店经销
霸州市顺浩图文科技发展有限公司制版
北京京华铭诚工贸有限公司印刷
*
开本：787×1092 毫米 横 1/16 印张：8¼ 字数：196 千字
2018 年 3 月第一版 2018 年 3 月第一次印刷
定价：**40.00** 元
ISBN 978-7-112-21311-5
（31030）

《广州地区绿色建筑常用技术构造做法参考图集（一）》图集编制说明

为解决制约绿色建筑设计的难点问题，促进绿色建筑设计向精细化发展，编制组结合广州实际，根据各类技术的成熟度、应用情况及发展趋势等，筛选出了具有广州地域适应性的绿色建筑技术措施和构造做法，编制了《广州地区绿色建筑常用技术构造做法参考图集（一）》。

该图集包含了以下6个方面的内容：

1. 屋面和外墙保温隔热构造做法；
2. 建筑外遮阳系统构造做法；
3. 楼板隔声构造做法；
4. 外墙及内墙隔声构造做法；
5. 种植屋面和垂直绿化构造做法；
6. 低影响开发（LID）雨水系统构造做法。

该图集的构造做法为推荐性做法，在工程应用中仅供参考，凡涉及结构安全、耐久性、环保等须另进行设计或咨询，具体设计及施工应按照工程实际情况实施。

广州市建筑科学研究院有限公司

2017年08月

主编单位、参编单位、主编人员、参编人员

主编单位：

广州市建筑科学研究院有限公司

广州建设工程质量安全检测中心有限公司

广州市建筑科学研究院新技术开发中心有限公司

参编单位：

广州市城市规划勘测设计研究院

广州珠江外资建筑设计院有限公司

奥意建筑工程设计有限公司

广州银达建材科技有限公司

广东韦博特声学技术有限公司

深圳市嘉创环境工程有限公司

广州绿能建筑科技有限公司

广州熙地环境科技有限公司

广州利升门窗有限公司

广东省轻纺建筑设计院有限公司

深圳云溪建筑节能材料有限公司

主编人员：

杨建坤　江向阳　张　楠　蒋恒宝　严淑珍
吕岩松　尹　继　徐梦苑　李　宁　李　淼
李　巧　张增钰　李　能　吕法旻　倪胜友
甘润华　范　朝

参编人员：

张庆宁　张　进　宁　琳　韦久跃　陈晓然
黄　河　朱　欣　何家豪　杨军峰　严志伟
印明谷　单建宁　刘　娜　粟志炜　许彦炯

主要审查人员：

赵立华　郑爱军　杨焰文　沈　钢　汤文健
徐　进　罗　刚

目 录

一　屋面和外墙保温隔热构造做法

一　屋面和外墙保温隔热构造做法目录

校对	邹杨帆	设计	严淑珍	制图	吕岩松

屋面和外墙保温隔热构造做法目录	章节号	一
	页	1

一 屋面和外墙保温隔热构造做法总说明

1 适用范围

适用于广州市新建、改建和扩建工程的绿色建筑设计。

2 设计内容

本章编制了屋面、外墙围护结构构造做法，包括正置式屋面保温隔热构造、倒置式屋面保温隔热构造、坡屋面保温隔热构造、外墙自保温隔热构造、外墙内保温隔热构造。

3 设计依据

《屋面工程技术规范》GB 50345—2012

《倒置式屋面工程技术规程》JGJ 230—2010

《民用建筑热工设计规范》GB 50176—2016

《建筑设计防火规范》GB 50016—2014

《夏热冬暖地区居住建筑节能设计标准》JGJ 75—2012

《公共建筑节能设计标准》GB 50189—2015

《建筑围护结构节能工程做法及数据》09J908—3

《蒸压加气混凝土建筑应用技术规程》JGJ/T 17—2008

《蒸汽加压混凝土砌块》GB 11968—2006

《墙体材料应用统一技术规范》GB 50574—2010

《砌体结构设计规范》GB 50003—2011

《膨胀玻化微珠轻质砂浆》JG/T 283—2010

《轻集料混凝土小型空心砌块》GB/T 15229—2011

4 屋面节能设计概述

屋面是建筑的主要组成部分之一，又是表现建筑体形和外观形象的重要元素。

广州地区为夏热冬暖地区，屋面对于顶层房间的节能极其重要。其一，阳光对屋面的辐射是从早到晚不间断，夏季尤为时间长；其二，屋面面积与顶层用房的建筑面积基本相同。屋面选择材料方面，需考虑保温隔热材料的导热系数、密度、抗压强度或压缩强度等。广州地区的居住建筑屋顶的传热系数和热惰性指标应满足《夏热冬暖地区居住建筑节能设计标准》JGJ 75—2012 中的相关参数。广州地区的公共建筑屋面传热系数指标应满足《公共建筑节能设计标准》GB 50189—2015中的相关参数。

5 外墙节能设计概述

外墙围护结构是建筑热工设计中的重要部位，是节省建筑能耗的主要途径之一。在夏热冬暖建筑中，外墙的节能率占总节能率的比例也较大，改变外墙的传热系数和太阳辐射吸收系数，可以提高节能率。

广州地区属于夏热冬暖地区，外墙需具有良好的隔热措施，东西外墙是受太阳辐射量最大的部位，东西外墙传热系数 K，热惰性指标 D 值对建筑保温隔热的影响比较大。

校对	邹扬帆	设计	严淑珍	制图	吕岩松

校对	邹扬帆		设计	严淑玲		制图	吕岩松	

6 验收、检验

《屋面工程技术规范》GB 50345—2012

《屋面工程质量验收规范》GB 50207—2012

《倒置式屋面工程技术规程》JGJ 230—2010

《建筑设计防火规范》GB 50016—2014

《夏热冬暖地区居住建筑节能设计标准》JGJ 75—2012

《公共建筑节能设计标准》GB 50189—2015

《砌体结构施工质量验收规范》GB 50203—2011

《屋面工程质量验收规范》GB 50207—2012

7 本章节配套使用图集

《平屋面建筑构造》12J201

《坡屋面建筑构造（一）》09J202-1

《外墙内保温建筑构造》11J122

《外墙外保温建筑构造》10J121

《轻质墙体节能建筑构造（一）》粤 07J/126

《蒸压加气混凝土砌块薄浆干砌自保温墙体构造》粤 08J/133

《蒸压加气混凝土砌块、板材构造》13J104

《全国民用建筑工程设计技术措施-节能专篇 2007》

8 其他

本章节未注明单位的尺寸均以毫米（mm）计；

本章节未尽事宜，应按国家现行有关规范、标准、有关技术法规文件以及本图集配套使用图集和企业标准等严格执行；

本章节所依据的规范、标准如有新的版本时，应按新版本作相应的验算调整，使其不与新版本相悖。

1　屋面节能设计要点说明

屋面保温隔热措施

1.1　屋面保温材料

优先使用导热系数小、重量轻、吸水率低、抗压强度高的新型保温材料。如选用吸水率低的有机类保温隔热材料：挤塑聚苯板（XPS）。

降低保温层内的含水率和渗漏是屋面工程的首要任务，根据相关实验含水量每增加1%，保温材料热导系数就增大5%，削弱保温隔热的效果。

1.2　保温层厚度

根据全年供暖和空调总耗电量及所选用保温材料的品种，屋面相关层次的构成，以及当地的室外计算温度，在确保满足隔热要求的条件下，通过计算增加保温层的厚度，以降低能耗损失。

1.3　倒置式保温隔热屋面

倒置式保温隔热屋面特点是把隔热层置于防水层之上，对防水层起到屏蔽和防护的作用，降低太阳光和气候变化对其的影响，也保护其不受外界的机械损伤，从而延长使用年限。

1.4　屋面种植（具体详见第五章节）

编号	名称	构造层次	附注
屋面 001	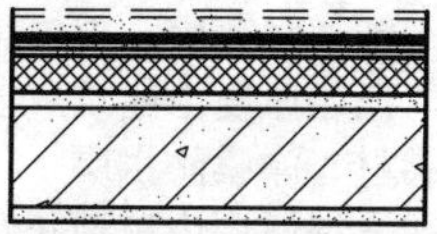 细石混凝土保护层屋面 (保温、上人屋面)	1. 保护层 2. 隔离层 3. 防水层 4. 保温层 5. 找平层 6. 找坡层 7. 钢筋混凝土屋面板，表面清扫干净	·细石混凝土 ·低强度砂浆 ·卷材、涂膜防水层 ·保温层厚度由建筑节能计算确定 ·找平层厚度由单项建筑确定 ·找坡层厚度由单项建筑确定 ·结构层
屋面 002	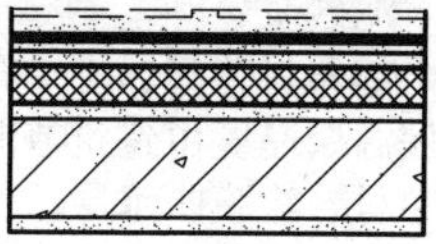 地砖保护层屋面 (保温、上人屋面)	1. 保护层 2. 地砖粘结层 3. 隔离层 4. 防水层 5. 保温层 6. 找平层 7. 找坡层 8. 钢筋混凝土屋面板，表面清扫干净	·室外地砖铺平拍实 ·水泥砂浆 ·干铺塑料薄膜、土工布、卷材 ·卷材、涂膜防水层 ·保温层厚度由建筑节能计算确定 ·找平层厚度由单项建筑确定 ·找坡层厚度由单项建筑确定 ·结构层

校对 邹扬帆 设计 吕岩松 制图 蒲毅杰

校对	邹扬帆	设计	吕岩松	制图	蒲毅杰

编号	名称	构造层次	附注
屋面 003	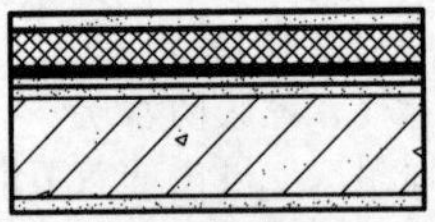 倒置式屋面 (保温、上人屋面)	1. 保护层 2. 隔离层 3. 保温层（按节能要求加厚25%） 4. 防水层 5. 找平层 6. 找坡层 7. 钢筋混凝土屋面板，表面清扫干净	·细石混凝土 ·干铺塑料薄膜、土工布、卷材或防水砂浆 ·保温层厚度由建筑节能计算确定 ·卷材、涂膜防水层 ·找平层厚度由单项建筑确定 ·找坡层厚度由单项建筑确定 ·结构层
屋面 004	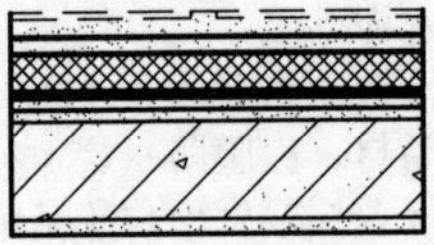 倒置式屋面 (保温、上人屋面)	1. 保护层 2. 地砖粘结层 3. 隔离层 4. 保温层（按节能要求加厚25%） 5. 防水层 6. 找平层 7. 找坡层 8. 钢筋混凝土屋面，表面清扫干净	·室外地砖铺平拍实 ·水泥砂浆 ·干铺塑料薄膜、土工布、卷材或防水砂浆 ·保温层厚度由建筑节能计算确定 ·卷材、涂膜防水层 ·找平层厚度由单项建筑确定 ·找坡层厚度由单项建筑确定 ·结构层

倒置式平屋面保温隔热构造	章节号	一
	页	6

编号	名称	构造层次	附注
屋面 005	块瓦坡屋面 (钢挂瓦条、保温、柔性防水层)	1. 块瓦 2. 挂瓦条 3. 顺水条 4. 持钉层 5. 保温层（按节能要求加厚25%） 6. 防水层 7. 找平层 8. 找坡层 9. 钢筋混凝土屋面板	· 平瓦屋面 · 中距按瓦规格 · 中距按瓦规格 · 细石混凝土内配 $\phi 4$ 钢筋网与屋脊、檐口处胡子筋焊牢 · 保温层厚度由建筑节能计算确定 · 卷材、涂膜防水层 · 找平层厚度由单项建筑确定 · 找坡层厚度由单项建筑确定 · 结构层
屋面 006	筒瓦坡屋面 (砂浆卧瓦、保温、柔性防水层)	1. 筒瓦 2. 卧瓦层 3. 隔离层 4. 保温层（按节能要求加厚25%） 5. 防水层 6. 找平层 7. 找坡层 8. 钢筋混凝土屋面板	· 筒瓦屋面 · 卧瓦砂浆中 $\phi 6$ 钢筋网应骑跨屋脊并绷直与屋脊和檐口处面的柔性防水层相连接，与钢筋头预留 · 保温层厚度由建筑节能计算确定 · 卷材、涂膜防水层 · 找平层厚度由单项建筑确定 · 找坡层厚度由单项建筑确定 · 结构层

校对	邹扬帆	设计	吕岩松	制图	蒲毅杰

倒置式坡屋面保温隔热构造	章节号	一
	页	7

校 对	郑玉红	
设 计	严淑珍	
制 图	龙建文	

2　外墙节能设计要点说明

外墙部分节能设计指标

2.1　传热系数 *K* 值、热惰性指标 *D*

居住建筑一般规定 $K\leqslant0.7$；当 $0.7<K\leqslant1.5$，$D\geqslant2.5$；$1.5<K\leqslant2.0$，$D\geqslant2.8$ 或 $2.0<K\leqslant2.5$，$D\geqslant3.0$。甲类公共建筑，当 $D\leqslant2.5$，$K\leqslant0.80$ 或 $D>2.5$，$K\leqslant1.5$。乙类公共建筑，$K\leqslant1.5$。围护结构 D 值越大，蓄热性能越好，有利于节能。

2.2　太阳的辐射吸收系数 ρ

围护结构的非透明部分表面外墙应采用浅色饰面。

建筑围护结构外表面太阳辐射吸收系数 ρ 值详见附录一。

2.3　窗墙比

居住建筑各朝向的单一朝向窗墙面积比，南北向不应大于 0.40；东西向不应大于 0.30。

甲类公共建筑单一立面窗墙面积比小于 0.40 时，透光材料可见光透射比不应小于 0.60；大于等于 0.40 时，透光材料可见光透射比不应小于 0.40。

2.4　外墙的节能隔热技术

广州地区框架结构的东西向外墙进行隔热验算时，所有填充墙体、室内面积较大（如：宽度超过 1m）的剪力墙及异形柱，都必须进行单独的隔热验算。南、北外墙需满足《民用建筑热工设计规范》中隔热验算的相关规定。

2.5　保温材料的防火性能

住房和城乡建设部和公安部于 2009 年 9 月 25 日联合发布了《民用建筑外保温系统及外墙装饰防火暂行规定》（公通字［2009］46 号）保温设计过程中需优先考虑防火性能、保温性能更好的材料和措施。

2.6　其他措施

2.6.1　外墙外保温

保温材料置于建筑物外墙的外侧，能充分发挥轻质新型高效保温材料的保温效能。在使用相同厚度的保温材料时，外保温优于内保温，达到的节能效果更好，应用的同时需满足《外墙外保温建筑构造》10J121。

2.6.2　外墙隔热涂料

外墙隔热涂料耐粘污性越好，越能保证使用的耐久性、实效性，选择的同时须考虑涂料的环保性和稳定性，耐火等级采用 A 级。反射隔热涂料能在建筑墙体表面形成由封闭微珠连接在一起的三维网络空心结构，形成微小的隔热保温空间。

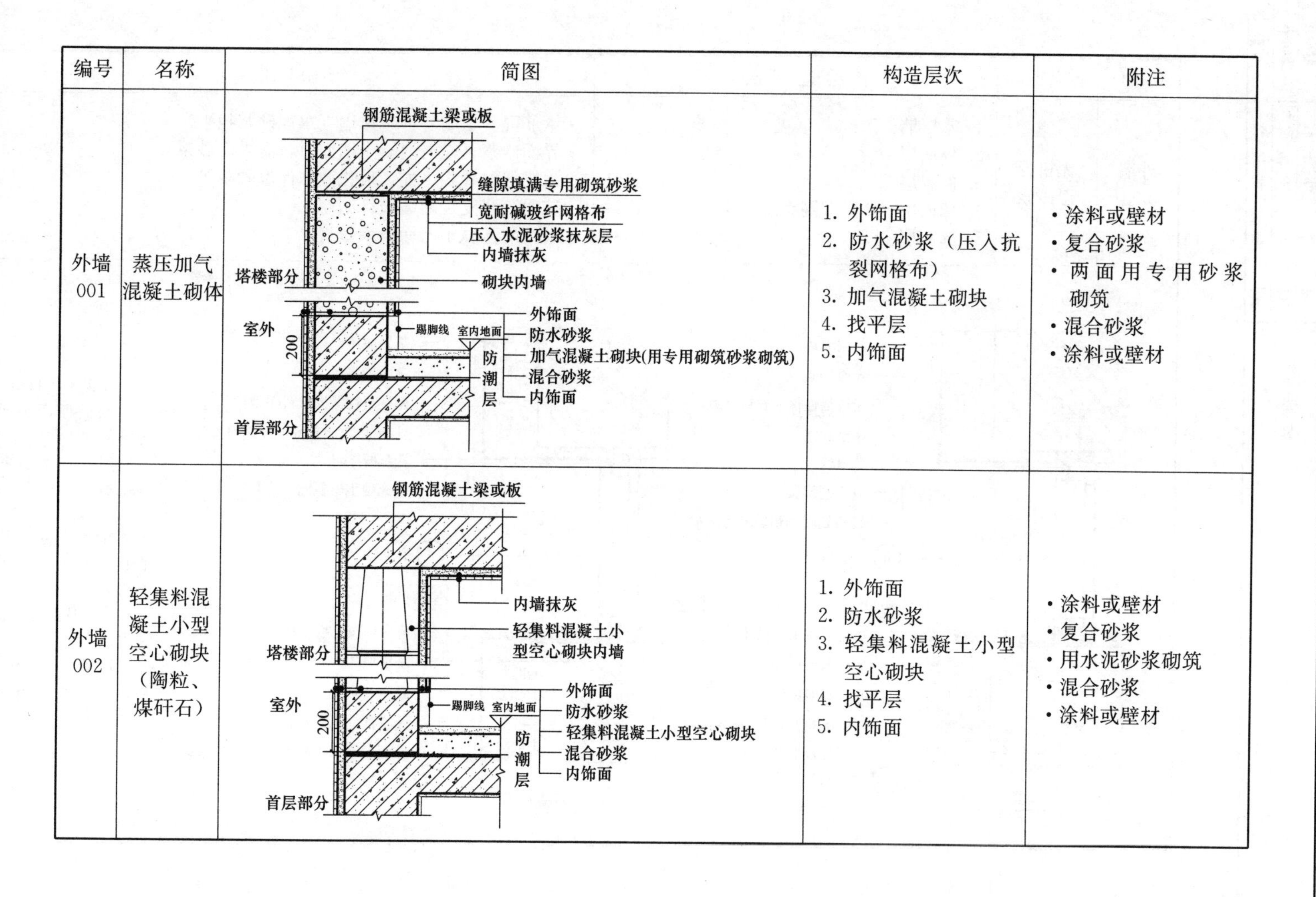

编号	名称	简图	构造层次	附注
外墙 001	蒸压加气混凝土砌体		1. 外饰面 2. 防水砂浆（压入抗裂网格布） 3. 加气混凝土砌块 4. 找平层 5. 内饰面	·涂料或壁材 ·复合砂浆 ·两面用专用砂浆砌筑 ·混合砂浆 ·涂料或壁材
外墙 002	轻集料混凝土小型空心砌块（陶粒、煤矸石）		1. 外饰面 2. 防水砂浆 3. 轻集料混凝土小型空心砌块 4. 找平层 5. 内饰面	·涂料或壁材 ·复合砂浆 ·用水泥砂浆砌筑 ·混合砂浆 ·涂料或壁材

校对	郑玉红
设计	严淑珍
制图	龙建文

外墙自保温隔热构造	章节号	一
	页	9

编号	名称	构造层次	附　注
外墙 003	无机保温砂浆	1. 基层墙体 2. 界面层 3. 保温层 4. 抹面层（B型有网系统时使用） 5. 饰面层	·钢筋混凝土墙各种砌体墙（水泥砂浆找平） ·界面砂浆（光滑混凝土墙面时，需界面砂浆） ·无机保温砂浆（如：玻化微珠保温砂浆等） ·抹面胶浆复合耐碱玻纤网布 ·柔性耐水腻子＋涂料或壁材

简图：

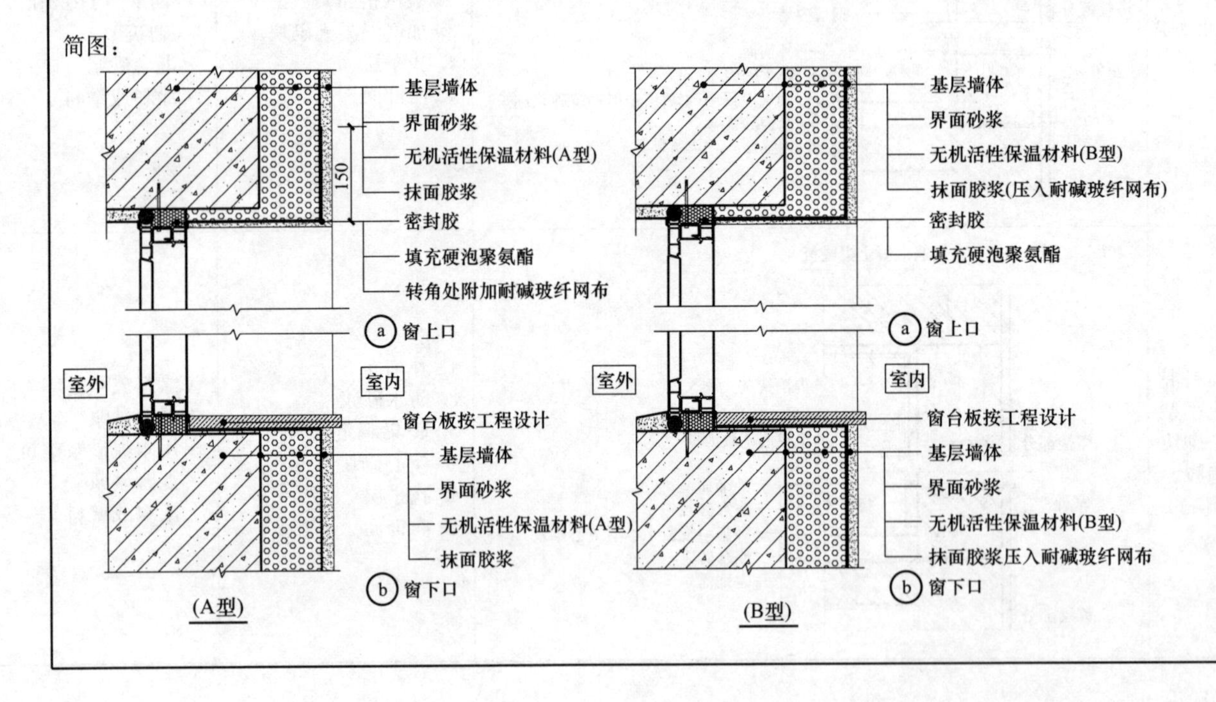

注：A级不燃材料无机保温砂浆分为两种：

(1) A型无网保温系统

A型不需加设网格布和抗裂砂浆，直接在保温上做涂料饰面和面砖饰面。

(2) B型有网保温系统

B型有网保温系统需加设网格布和抗裂砂浆。

校对 郑玉红　设计 严淑珍　制图 龙建文

外墙内保温隔热构造	章节号	一
	页	10

二　建筑外遮阳系统构造做法

校对	黄长胜	(签名)
设计	蒋恒宝	(签名)
制图	蒋恒宝	(签名)

二　建筑外遮阳系统构造做法目录

建筑外遮阳系统构造做法 目录	章节号	二
	页	1

校对	黄长胜	黄如胜
设计	蒋恒宝	蒋恒宝
制图	蒋恒宝	蒋恒宝

二　建筑外遮阳系统总说明

1　适用范围

适用于广州市新建、改建和扩建工程的绿色建筑设计。

2　设计内容

本章节共编制了七类外遮阳系统的遮阳形式，包括混凝土遮阳、卷帘遮阳、百叶帘遮阳、建筑一体化遮阳窗、铝合金格栅遮阳、内置遮阳（遮阳百叶窗）和光伏建筑一体化（光伏遮阳）。

3　设计依据

《民用建筑热工设计规范》GB 50176—2015

《公共建筑节能设计标准》GB 50189—2015

《夏热冬暖地区居住建筑节能设计标准》JGJ 75—2012

《内置遮阳中空玻璃制品》JG/T 255—2009

《种植屋面工程技术规程》JGJ 155—2013

《建筑遮阳工程技术规范》JGJ 237—2011

《建筑用遮阳金属百叶帘》JG/T 251—2009

4　遮阳设计

4.1　建筑物的向阳面，特别是东、西向窗户，应采取有效的外遮阳措施，如各种固定式和活动式遮阳等。

4.2　居住空间朝东、西向外窗应采取外遮阳措施，如垂直或挡板式遮阳等。当居住空间采用天窗、斜屋顶窗采光时，宜采取活动遮阳措施。

4.3　外遮阳构造可以阻挡太阳辐射热能，降低房间得热，比内遮阳措施遮阳效率高，图集本章节为外遮阳做法。

4.4　南向和北向，宜采用水平式遮阳；东北、北和西北向，宜采用垂直式遮阳；东南和西南向，宜采用综合式遮阳；东、西向，宜采用垂直式遮阳或挡板式遮阳。

4.5　选用固定式遮阳时（如铝合金格栅遮阳、光伏遮阳等）应综合考虑与窗户的关系，避免过多地遮挡视线。

5　结构设计

一般规定：

5.1　建筑遮阳工程应根据遮阳装置的形式、地域气候条件、建筑部件等具体情况进行结构设计，并符合现行国家标准《建筑抗震设计规范》GB 50011 的相关规定。

5.2　活动外遮阳装置及固定外遮阳装置应分别按系统自重、风荷载、正常使用荷载、施工阶段及检修中的荷载等验算其静态承载能力。同时应在结构主体计算时考虑遮阳装置对主体结构的作用。当采用长度尺寸在 3m 及以上或系统自重大于 100kg 及以上大型外遮阳装置时，应做抗风振、抗地震承载力验算，并应考虑以上荷载的组合效应。

5.3 对于长度尺寸在4m以上的特大型外遮阳装置，且系统复杂难以通过计算判断其安全性能时，应通过风压试验或结构试验，用实体试验检验其系统安全性能。

5.4 活动外遮阳装置及固定外遮阳装置应有详细的构件、组装和与主体结构连接的构造设计，并应符合下列规定：

5.4.1 长度尺寸不大于3m的外遮阳装置的结构构造可直接在建筑施工图中表达；

5.4.2 3m以上大型外遮阳装置应编制专门的遮阳结构施工图；

5.4.3 节点、细部构造应明确与主体结构构件的连接方式、锚固件种类与个数；

5.4.4 外遮阳装置连接节点与保温、防水等相关建筑构造的关系；

5.4.5 遮阳装置安装施工说明应明确主要安装材料的材质、防腐、锚固件拉拔力等要求。

5.5 有关遮阳装置的自荷载、风荷载、积水荷载和检修荷载等结构安全设计须进行单项设计。

6 验收、检验

遮阳安装后应按

《建筑工程施工质量验收统一标准》GB 50300—2013

《建筑装饰装修工程质量验收规范》GB 50210—2011

《建筑节能工程施工质量验收规范》GB 50411—2014

和本章节有关规定进行验收及检验。

7 本章节配套使用图集

《建筑外遮阳（一）》06J506-1

《爱榥建筑外遮阳系统》15CJ52

《建筑外遮阳》11ZJ903

《建筑太阳能光伏系统设计与安装》10J908-5

8 其他

本章节未注明单位的尺寸均以毫米（mm）计；

本章节未尽事宜，应按国家现行有关规范、标准和有关技术法规文件以及企业标准严格执行；

本章节所依据的规范、标准如有新的版本时，应按新版本作相应的验算调整，使其不与新版本相悖。

校对 黄长胜 设计 蒋桓宝 制图 蒋桓宝

本章节编制的遮阳系统

遮阳类型	遮阳系数	索引页码	特　点
混凝土遮阳	0.33～1.00	8～12	适用于各种建筑的固定式外遮阳。水平式遮阳适用于接近南向的窗口；垂直式遮阳适用于东北、北和西北向附近的窗口；综合式遮阳适用于东南或西南向附近的窗口
铝合金格栅遮阳	0.60～0.90	13～14	适用于各种建筑的固定式外遮阳。在锯齿状的铝合金龙骨上，咬扣铝合金叶片（扣板），根据遮阳设计需要，选择不同开口率的龙骨
金属卷帘遮阳	0.33～1.00	15～17	适用于居住建筑。可以选择带保温材料或普通型的帘片、卷帘盒。全部展开时有一定的隔声作用，但影响观景。有手动（摇柄、皮带）、电动两种开启方式
百叶帘遮阳	0.30～1.00	18～23	不宜用在高层建筑。系统关闭时，帘片可全部收在卷帘盒内。可根据光线变化调整帘片角度，既遮阳，又不影响观景。导轨式比导索式强度高。有手动（摇柄、皮带）、电动两种开启方式
建筑一体化遮阳窗	0.30～0.90	24～26	不宜用在高层建筑。适用于居住建筑。全部展开时有一定的隔声作用，但影响观景
内置遮阳（遮阳百叶窗）	0.18～0.90	27～29	适用于居住建筑、旅馆、办公等建筑的外遮阳，同时适用于高层、超高层建筑
光伏建筑一体化（光伏遮阳）	0.30～1.00	30～35	不宜用在高层建筑。适用于居住建筑、旅馆、办公等建筑的窗口的外遮阳，可以有效利用空间为建筑物提供遮挡，又可以提供能源

校对	黄长胜
设计	蒋恒宝
制图	蒋恒宝

1 建筑外遮阳系统遮阳系数计算

本章节所收编的七种遮阳系统，按照遮阳构件能否随季节与时间的变换进行角度和尺寸的调节，建筑外遮阳技术可以划分为固定式遮阳和活动遮阳两大类型。

1.1 混凝土遮阳构造外遮阳系数简化计算

混凝土遮阳包括预制混凝土板水平遮阳、预制混凝土板垂直遮阳、预制混凝土板综合遮阳。其中，水平和垂直混凝土遮阳构造的外遮阳系数按式（1）、式（2）计算：

$$SD=ax^2+bx+1 \tag{1}$$

$$x=A/B \tag{2}$$

式中 SD——外遮阳系数；

x——外遮阳特征值，$x>1$ 时，取 $x=1$；

a、b——拟合系数，按表 1 选取；

A、B——外遮阳的构造定性尺寸，按图①和图②确定。

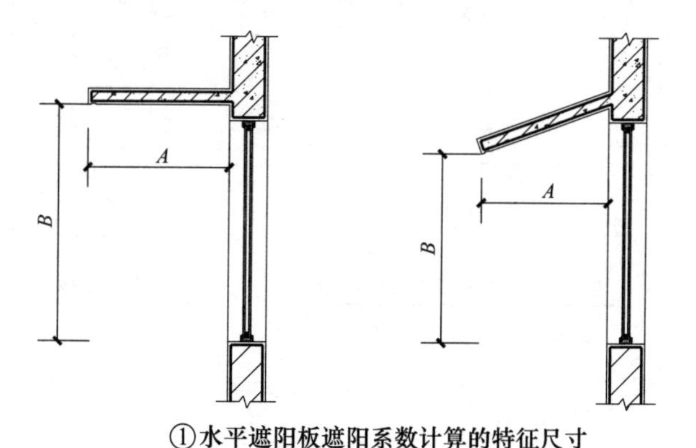

①水平遮阳板遮阳系数计算的特征尺寸

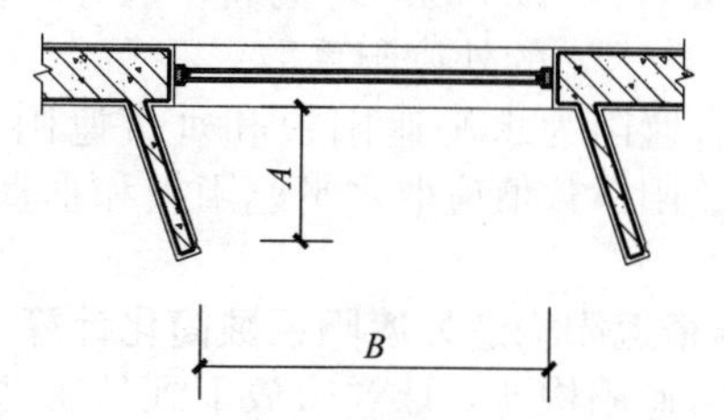

②垂直遮阳板遮阳系数计算的特征尺寸

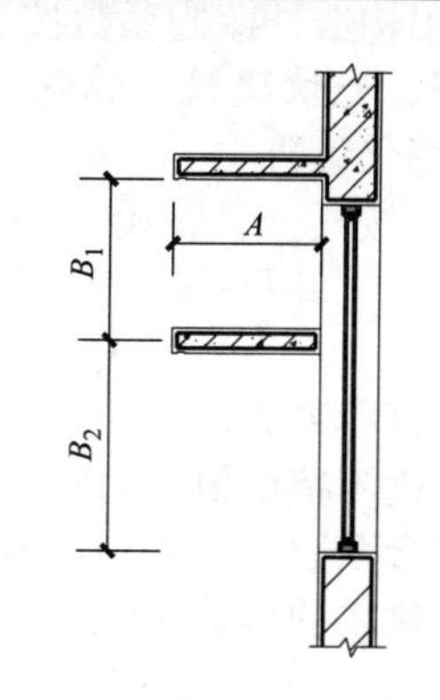

③多层水平遮阳板遮阳系数计算的特征尺寸

当水平遮阳板为多层构造时，如图③所示，则外遮阳系数按式（1）计算。

建筑外遮阳系统 遮阳系数计算（一）	章节号	二
	页	5

$$SD=\frac{B_1 \cdot SD_1+B_2 \cdot SD_2}{B_1+B_2} \tag{3}$$

式中　SD_1——以 A 和 B_1 为特征尺寸，根据式（1）计算得到的外遮阳系数；

　　　SD_2——以 A 和 B_2 为特征尺寸，根据式（1）计算得到的外遮阳系数。

综合遮阳为水平遮阳板和垂直遮阳板组合而成的遮阳形式。其遮阳系数值应取水平遮阳板和垂直遮阳板的外遮阳系数的乘积。

1.2　卷帘遮阳构造外遮阳系数简化计算

卷帘遮阳构造，取卷帘放下到外窗高度的 2/3 为其夏季外遮阳系数计算特征尺寸，全部拉起为其冬季外遮阳系数计算特征尺寸，卷帘遮阳构造外遮阳系数按表 2 确定。

1.3　百叶帘遮阳、光伏建筑一体化（光伏遮阳）和格栅遮阳构造外遮阳系数简化计算

外遮阳系数应按式（4）、式（5）计算确定：

$$SD=ax^2+bx+1 \tag{4}$$

$$x=A/B \tag{5}$$

式中　SD——外遮阳系数；

　　　x——外遮阳特征值，$x>1$ 时，取 $x=1$；

　　a，b——拟合系数，按表 1 选取；

　　A，B——外遮阳的构造定性尺寸，按图④～图⑦确定。

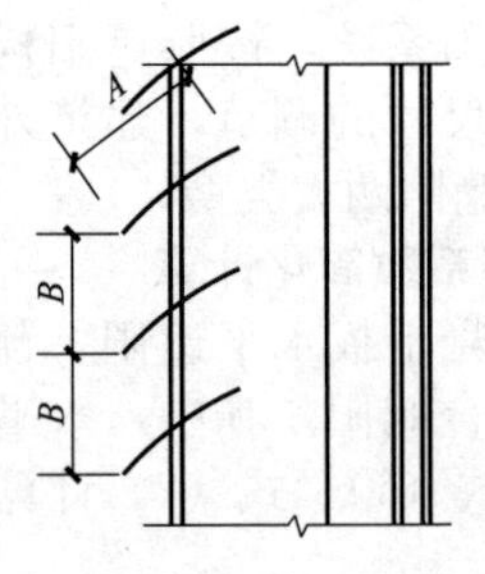

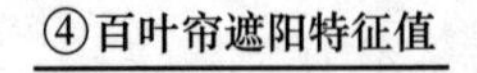
④百叶帘遮阳特征值

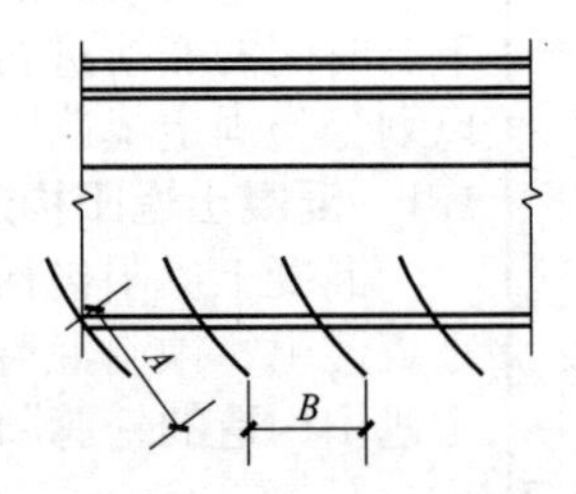

⑤垂直百叶帘遮阳特征值

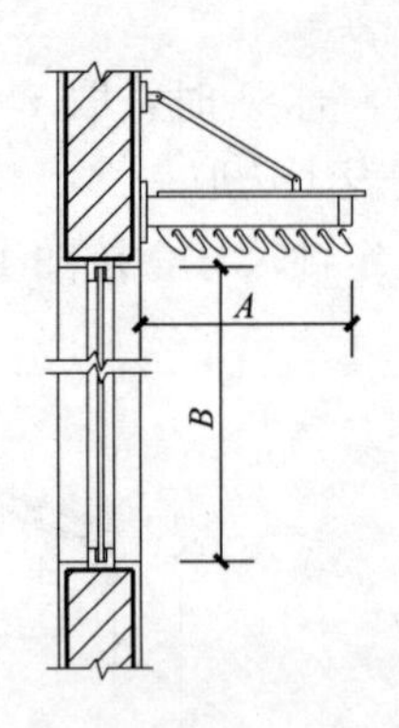

⑥水平式格栅遮阳的特征值

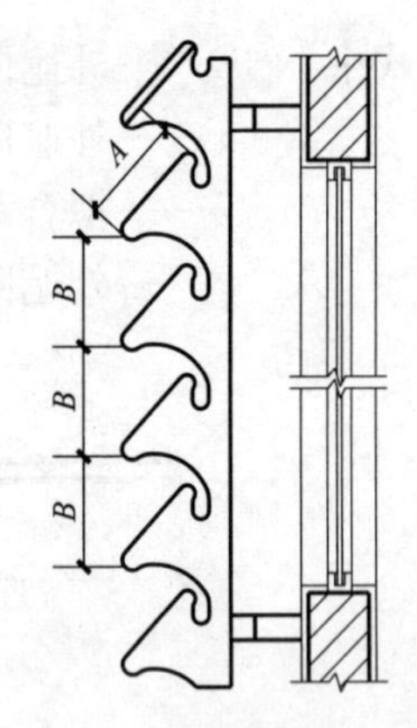

⑦挡板式格栅遮阳的特征值

校对	黄长胜	设计	蒋恒宝	制图	蒋恒宝

校 对	黄长胜	黄山胜
设 计	蒋恒宝	蒋恒宝
制 图	蒋恒宝	蒋恒宝

水平式格栅遮阳按照表1混凝土水平遮阳拟合系数选取，按照公式（6）进行修正，公式（6）中的透射比按表3中的参数选取。

挡板式格栅遮阳按照百叶帘计算方法进行计算。

以上三大类外遮阳系数计算均以遮阳材料不具有透光能力计算，当遮阳材料具有透光能力时，应按式（6）进行修正。

$$SD=1-(1-SD^*)(1-\eta^*) \qquad (6)$$

式中 SD^*——外遮阳的遮阳板采用非透明材料制作时的外遮阳系数，按表2取值或式（1）计算；

η^*——遮阳板的透射比，按表3选取。

表1 外遮阳系数计算的拟合系数 a，b

气候区	外遮阳基本类型	拟合系数	东	南	西	北
夏温热和冬地暖区地南区区	水平式	a	0.35	0.35	0.20	0.20
		b	−0.65	−0.65	−0.40	−0.40
	垂直式	a	0.25	0.40	0.30	0.30
		b	−0.60	−0.75	−0.60	−0.60
	挡板式	a	0.16	0.35	0.16	0.17
		b	−0.60	−1.01	−0.60	−0.97

表2 卷帘遮阳构造外遮阳系数

	卷帘遮阳构造
夏季	0.33
冬季	1

表3 遮阳板的透射比

遮阳板使用的材料	规格	η^*
织物面料、玻璃钢类板		0.4
玻璃、有机玻璃类板	深度：0＜Se≤0.6	0.6
	浅色：0.6＜Se≤0.8	0.8
金属穿孔板	0＜穿孔率≤0.2	0.1
	0.2＜穿孔率≤0.4	0.3
	0.4≤穿孔率≤0.6	0.5
	0.6＜穿孔率≤0.8	0.7
格栅遮阳（水平式）		0.15

注：1. Se 为玻璃自身遮阳系数；

2. 本章节遮阳系数的计算参考《建筑外遮阳》11ZJ903。

2 混凝土遮阳构造说明

2.1 适用范围

适用于公共建筑和居住建筑窗口的外遮阳。

2.2 构造分类

2.2.1 水平式遮阳：这种形式的遮阳能够有效地遮挡高度角较大的、从窗口上方投射下来的阳光。主要适用于接近南向的窗口，或北回归线以南低纬度地区的北向附近的窗口。

2.2.2 垂直式遮阳：垂直式遮阳能够有效地遮挡高度角较大的从窗侧斜射过来的阳光。对于高度角较大的、从窗口上方投射下来的阳光，或接近日出、日落时平射窗口的阳光，则起不到遮挡作用。故垂直式遮阳主要适用于东北、北和西北向附近的窗口。

2.2.3 综合式遮阳：综合式遮阳能够有效地遮挡高度角中等的、从窗前斜射下来的阳光，遮阳效果比较均匀。故主要适用于东南或西南向附近的窗口。

2.2.4 东西向外窗设置外遮阳时，应考虑室内采光，有条件时，可进行室内采光模拟计算。

2.3 遮阳设计

2.3.1 遮阳系数计算见本章节5～7页。

2.3.2 本章节所提供的构造仅供参考，使用者应根据具体工程情况作相应调整。

校对	黄长胜	设计	蒋恒宝	制图	蒋恒宝

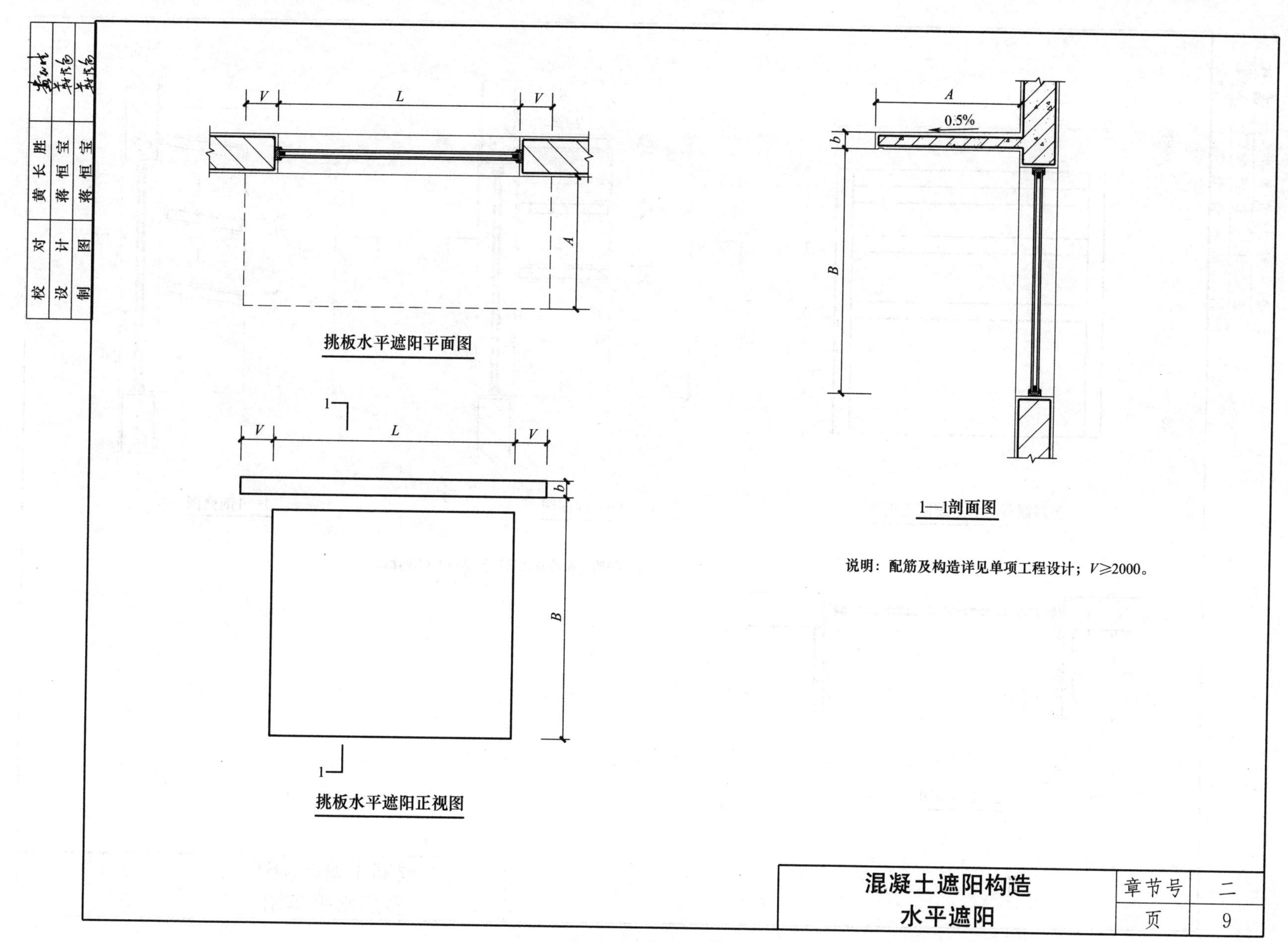

校对 黄长胜
设计 蒋恒宝
制图 蒋恒宝
V
L
V
A
挑板水平遮阳平面图
1
V
L
V
b
B
1
挑板水平遮阳正视图
A
0.5%
b
B
1—1剖面图
说明：配筋及构造详见单项工程设计；V≥2000。
混凝土遮阳构造
水平遮阳
章节号
二
页
9

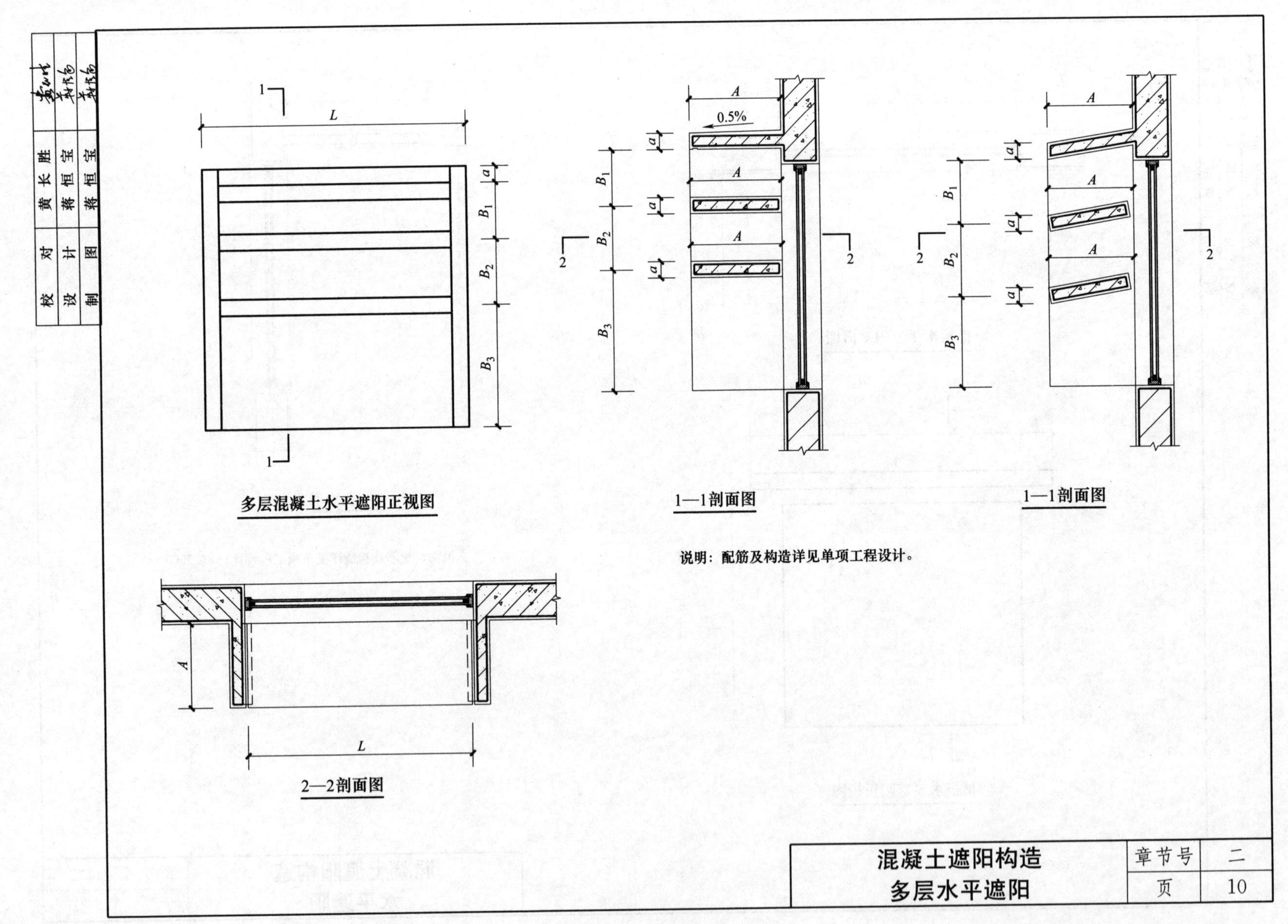
校对 黄长胜
设计 蒋恒宝
制图 蒋恒宝
1
L
a
B1
B2
B3
1
多层混凝土水平遮阳正视图
A
0.5%
a
A
a
A
a
2
2
1—1剖面图
A
a
A
a
A
a
2
2
1—1剖面图
说明：配筋及构造详见单项工程设计。
A
L
2—2剖面图
混凝土遮阳构造
多层水平遮阳
章节号 二
页 10

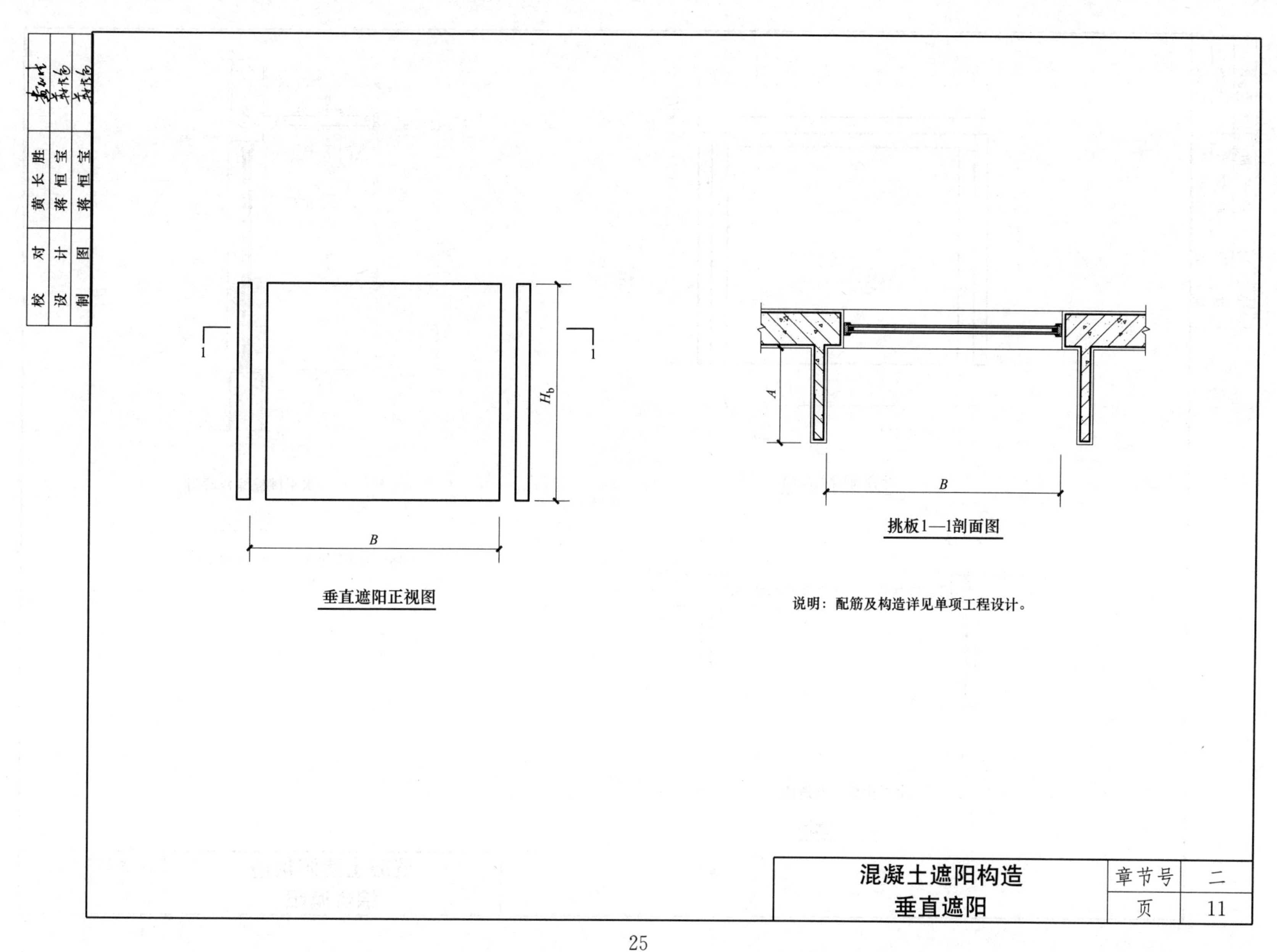

垂直遮阳正视图

挑板1—1剖面图

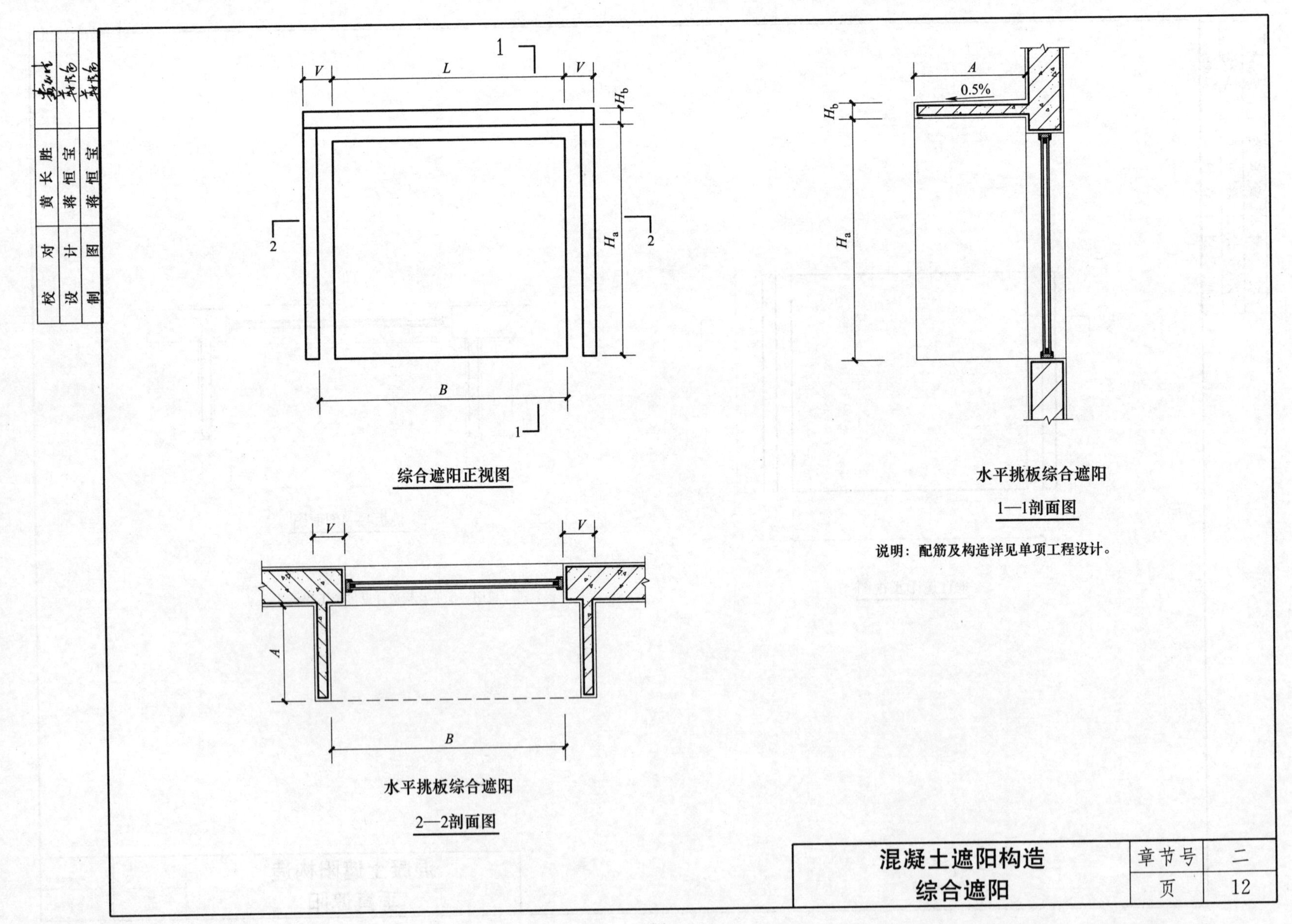

综合遮阳正视图

水平挑板综合遮阳

1—1剖面图

水平挑板综合遮阳

2—2剖面图

校对	黄长胜	黄长胜
设计	蒋桓宝	蒋桓宝
制图	蒋桓宝	蒋桓宝

3 铝合金格栅遮阳系统说明

3.1 适用范围

本系统适用于外墙窗洞口的固定式水平遮阳和垂直遮阳设施。

3.1.1 水平遮阳（图 1）：适用于南面太阳照射角比较高的情况，在炎热的季节提供持续有效的遮阳保护。

3.1.2 垂直遮阳（图 2）：适用于东西面太阳照射角度比较低的情况。

3.1.3 东西向外窗设置外遮阳时，应考虑室内采光，有条件时，可进行室内采光模拟计算。

3.2 系统简介

在锯齿状的铝合金龙骨上，咬扣铝合金叶片（扣板），形成格栅式的遮阳构件，通过支撑构件与主体建筑连接。该系统通过调整卡齿间距或铝合金叶片的宽度及系统长、宽尺寸来满足不同遮阳设计的需要，从而达到不同的遮阳效果。

3.3 选用要点

3.3.1 铝合金叶片表面采用外装预滚涂耐色光或氟碳烤漆涂层。

3.3.2 根据各地区日照角度选取不同开口率的龙骨。

3.3.3 龙骨间距、水平遮阳系统挑出距离依据工程所在地区的风压计算选定。

3.3.4 与主体建筑连接用的拉杆间距及其截面大小等构件由具体工程定。

3.3.5 应综合考虑与窗户的关系，避免过多的遮挡视线。

3.4 遮阳设计

3.4.1 遮阳系数计算见本章节 5～7 页。

3.4.2 本章节所提供的构造仅供参考，使用者应根据具体工程情况作相应修改。

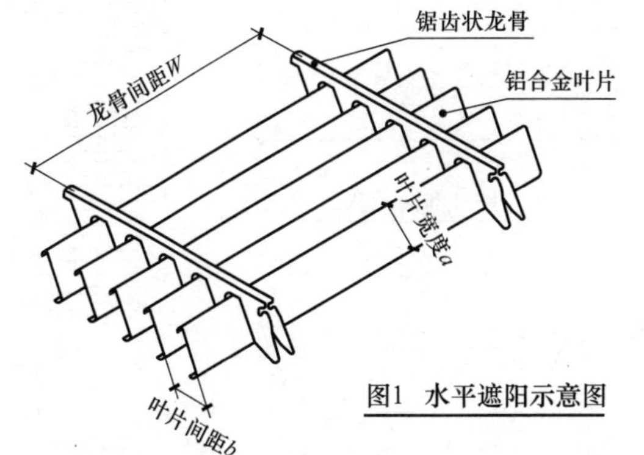

图1 水平遮阳示意图

格栅遮阳系统龙骨类型

龙骨类型	材质	安装模数	开口率
SL-2	0.9mm 铝合金	74mm	69%
SL-4	0.9mm 铝合金	86mm	52%
SL-5	0.9mm 铝合金	74mm	69%
SL-6	0.9mm 铝合金	86mm	31%
SL-7	0.9mm 铝合金	73.5mm	28%
H-2	0.9mm 铝合金	69mm	18%

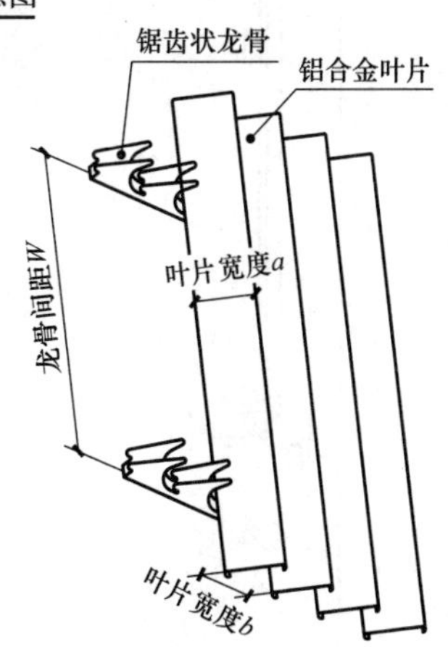

图2 垂直遮阳示意图

铝合金格栅遮阳系统说明	章节号	二
	页	13

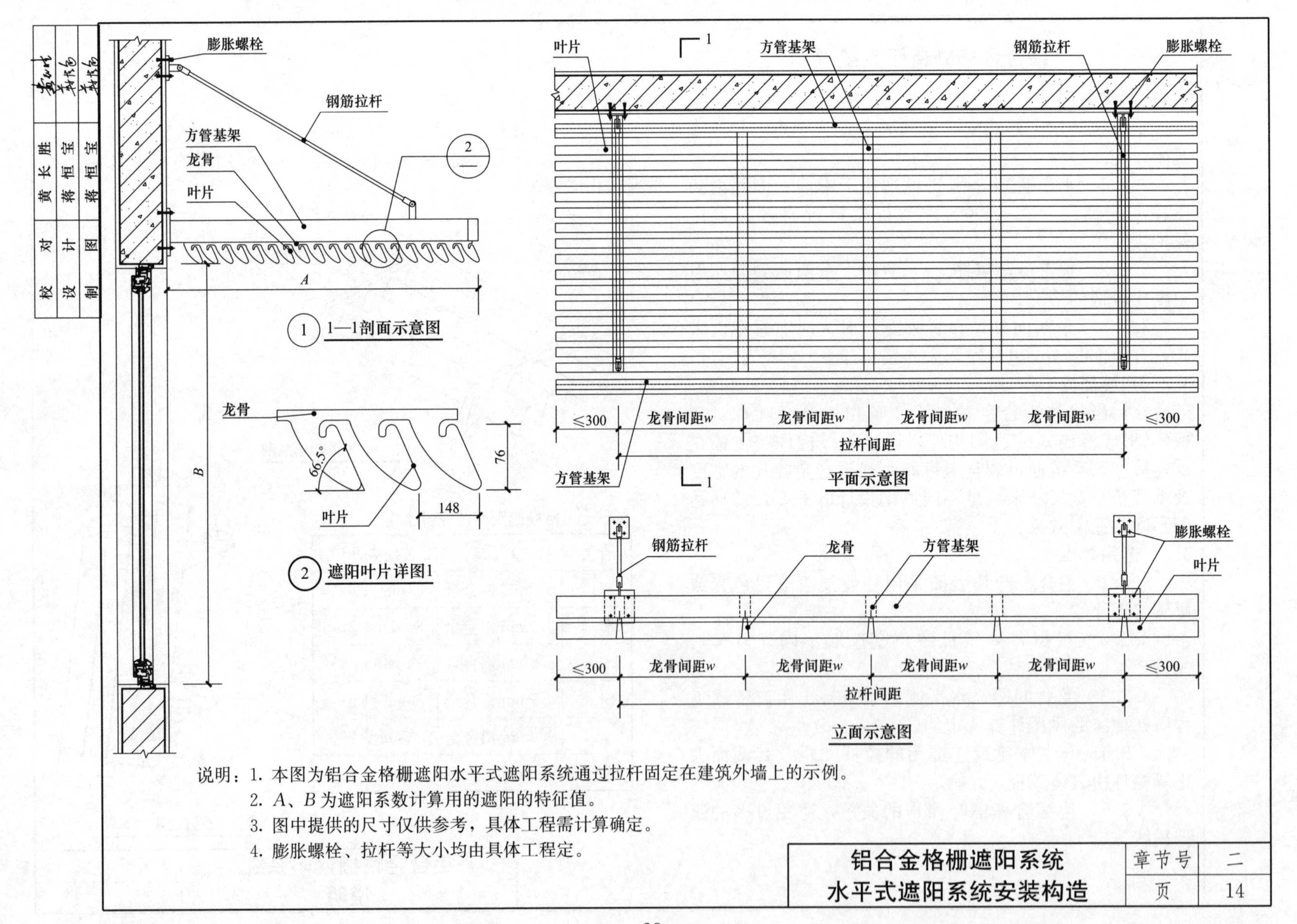

说明：1. 本图为铝合金格栅遮阳水平式遮阳系统通过拉杆固定在建筑外墙上的示例。
2. A、B为遮阳系数计算用的遮阳的特征值。
3. 图中提供的尺寸仅供参考，具体工程需计算确定。
4. 膨胀螺栓、拉杆等大小均由具体工程定。

铝合金格栅遮阳系统 水平式遮阳系统安装构造	章节号	二
	页	14

4 金属卷帘遮阳系统说明

4.1 适用范围

适用于居住、旅馆、公寓等建筑窗口的外遮阳。

(织物卷帘等软卷帘易耗损，建议广州地区以金属卷帘为主)

4.2 系统组成

主要由卷帘盒、帘片、导轨、底杆、固定件、驱动系统或控制系统等组成。

4.3 系统分类

4.3.1 按操作方式分手动式和电动式。

(1) 手动式又分摇柄驱动和皮带驱动方式。

(2) 电动式按控制方式的不同又分为单台控制、多台控制、风控、雨控、光控等智能控制。

4.3.2 按帘片与卷帘盒不同材料分为普通型、隔声型。

4.3.3 按安装位置分：明装、嵌装、暗装。

4.4 主要构件性能要求

4.4.1 卷帘盒：主要由卷轴、罩壳组成。

4.4.2 帘片：分隔声型、无保温型。

4.4.3 导轨：常用铝合金型材。与帘片接触的两边嵌装软毛条或软质PVC衬条。在型材上又分为一般型和加强型。

4.5 设计要求

4.5.1 卷帘盒应考虑设置检修口。

4.5.2 当采用电动式时，在卷帘盒安装位置墙面附近预留接线盒。

4.5.3 手动型：适用于窗洞口宽度600mm～2100mm、高度600mm～2100mm。

电动型：适用于窗洞口宽度600mm～3600mm、高度600mm～3000mm。

4.5.4 帘片嵌入导轨中的深度：

当窗洞口内宽≤1800mm时，每端嵌入深度≥20mm；当窗洞口内宽≥1800mm～3000mm时，每端嵌入深度≥30mm。

4.5.5 电动式应考虑帘片运行平稳顺畅，启动速度一般为3m/min～7m/min，启闭过程中能在任何位置停止。启闭至上下限时，能自动停止。当温升超过电器元件的规定温度时，热保护器能自动切断电源；当温升下降到允许值时，电机可重新启动。

4.5.6 安装遮阳系统前应对窗口实际尺寸进行核实。

4.6 安装固定

卷帘盒安装方式：明装、嵌装和暗装。明装、嵌装适用于新建或既有建筑；暗装一般适用于新建建筑。当采用嵌装、暗装时应考虑卷帘盒对窗洞口的高度及对墙体节能的影响。

4.7 遮阳设计

4.7.1 遮阳系数计算见本章节5～7页。

4.7.2 本章节所提供的构造仅供参考，使用者应根据具体工程情况作相应修改。

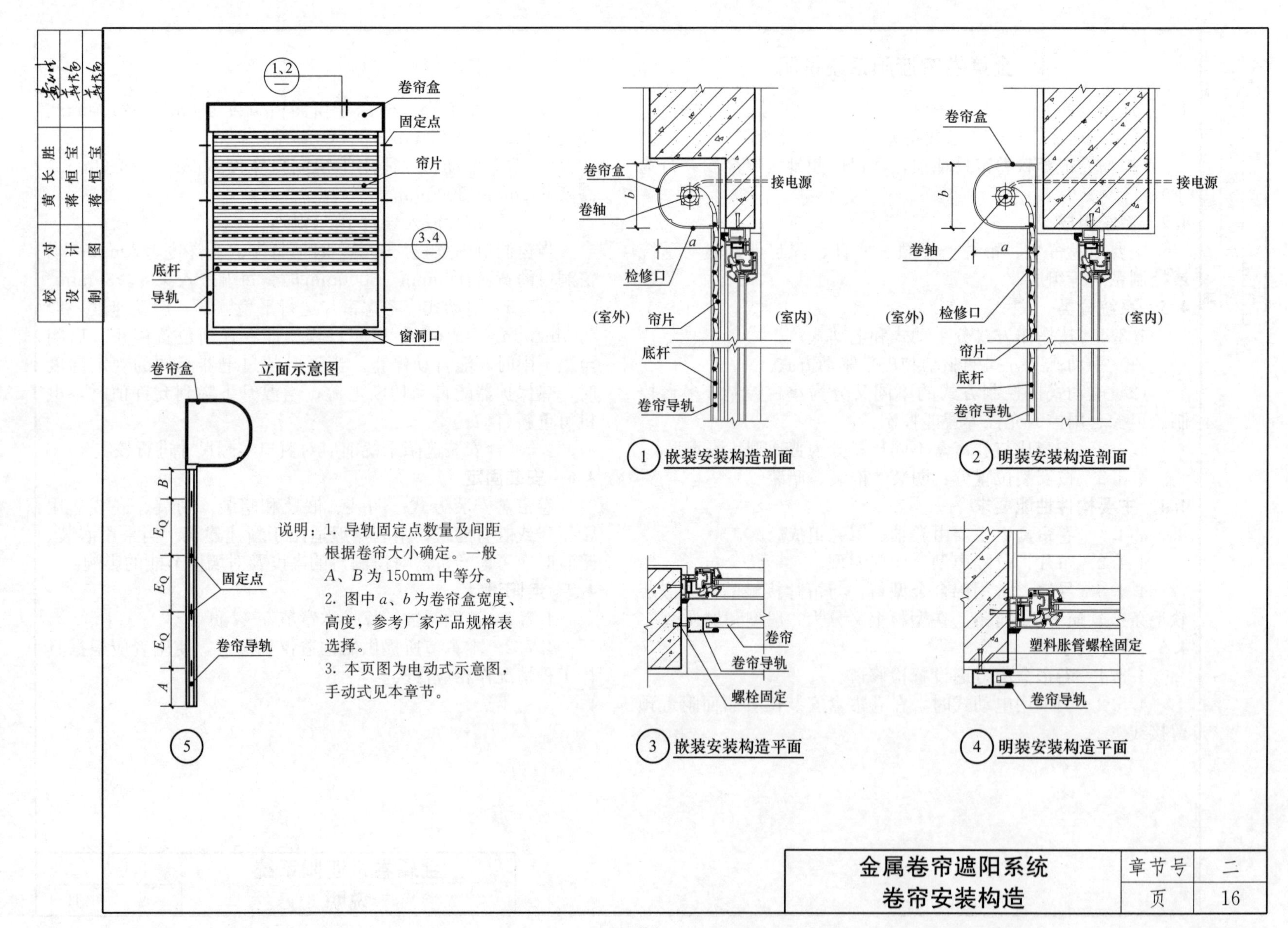

说明：1. 导轨固定点数量及间距根据卷帘大小确定。一般 A、B 为 150mm 中等分。
2. 图中 a、b 为卷帘盒宽度、高度，参考厂家产品规格表选择。
3. 本页图为电动式示意图，手动式见本章节。

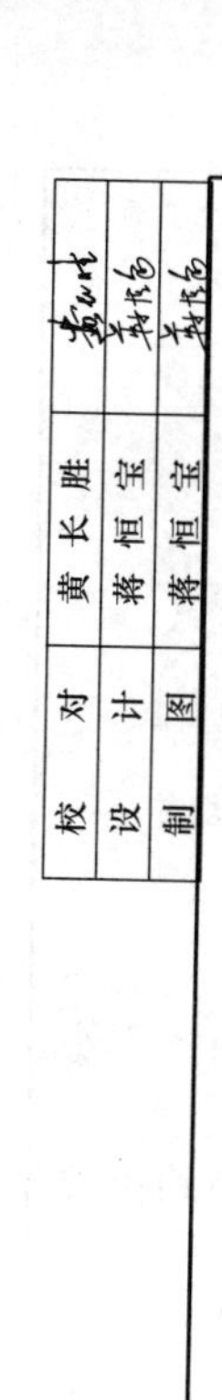

90°

45°

摇杆安装角度示意

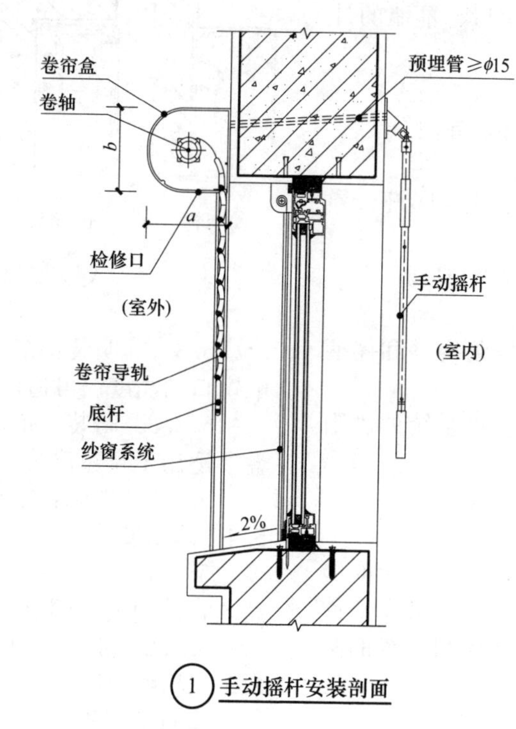

① 手动摇杆安装剖面

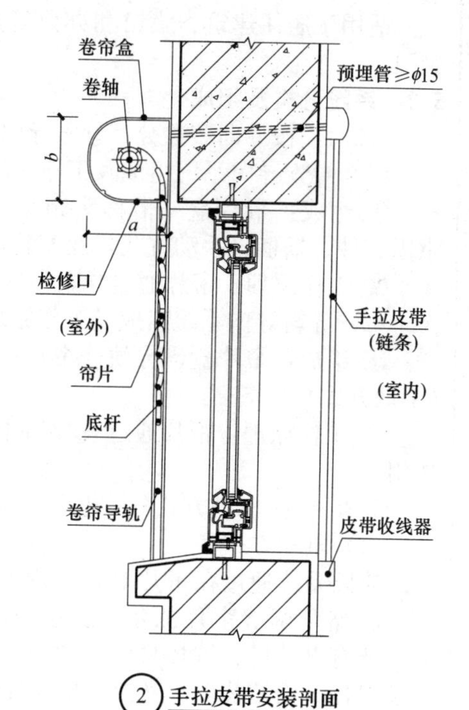

② 手拉皮带安装剖面

说明：本页为金属卷帘遮阳系统采用手动方式控制时手动摇柄、手拉皮带的明装构造示意。

金属卷帘遮阳系统 手动摇柄、皮带安装构造	章节号	二
	页	17

5 百叶帘遮阳系统说明

5.1 适用范围

适用于居住建筑、旅馆和办公等建筑的窗口、幕墙的外遮阳。

5.2 系统分类及组成

5.2.1 按导向装置分：导索导向系统、导轨导向系统。

(1) 导索导向系统组成及工作原理

① 组成：帘片盒（俗称头箱）、导索、帘片、底杆、导索固定件、摇柄（手动方式）及安装构件。

② 工作原理：帘片通过导索实现帘片的收缩与展开。

(2) 导轨导向系统组成及工作原理

① 组成：帘片盒、导轨、帘片、底杆、安装构件和摇柄（手动方式）。

② 工作原理：帘片通过在导轨中移动，实现系统的遮阳作用。

5.2.2 按驱动方式分：电动方式、手动方式。

(1) 电动方式

遮阳系统通过在帘片盒顶轨内的电动机，控制帘片的展开与收缩及调节帘片的角度。系统除“5.2.1”的组成部件外，还有电动机、链接件。一般对于装有自动控制系统的必须装风控、雨控装置。光控可根据具体情况选用。

(2) 手动方式

遮阳系统通过摇柄控制帘片的展开与收缩。系统除“5.2.1”的组成部件外，还包括摇柄和拉绳、链接件等组成。不适用于经常无人场所的外遮阳。

5.3 安装

按与墙体的关系分为：明装、暗装和嵌装。详见图1。

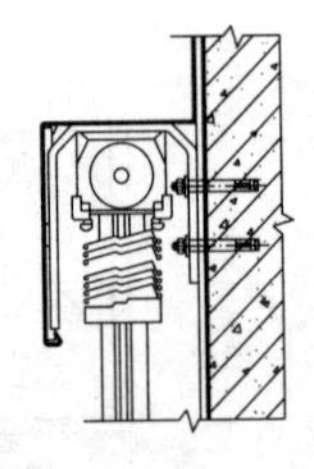
(a) 明装

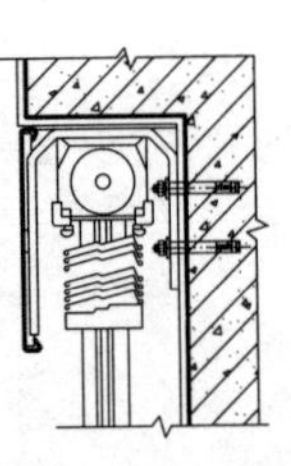
(b) 嵌装

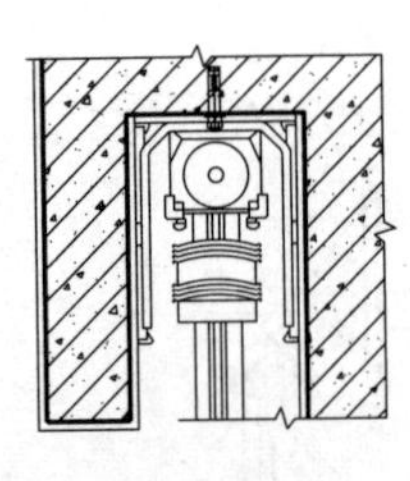
(c) 暗装于墙体内

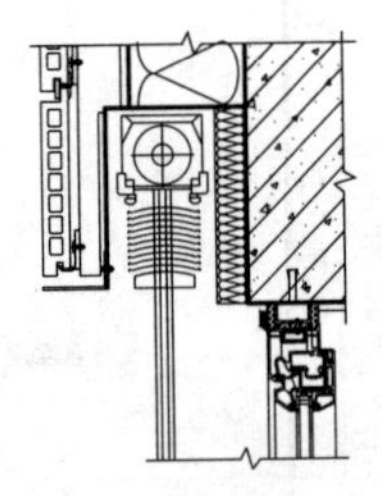
(d) 暗装于幕墙内

① 帘片盒安装与墙体的关系示意

5.3.1 明装：帘片盒及导轨（导索）明装于外面。不影响窗口的高度。可适用于新建、改建建筑。

5.3.2 暗装：帘片盒暗装于墙体内，外立面看不到帘片盒。适用于新建建筑，结合建筑整体设计。

5.3.3 嵌装：帘片盒置于窗口外，不突出外墙面。

5.4 遮阳设计

5.4.1 系统遮阳原理：通过调整帘片角度来控制射入光线，帘片角度可调节至最合适的位置。

5.4.2 遮阳系数：计算见本章节5～7页。

5.5 选用说明

本章节所提供的构造仅供参考，使用者应根据具体工程情况作相应修改。

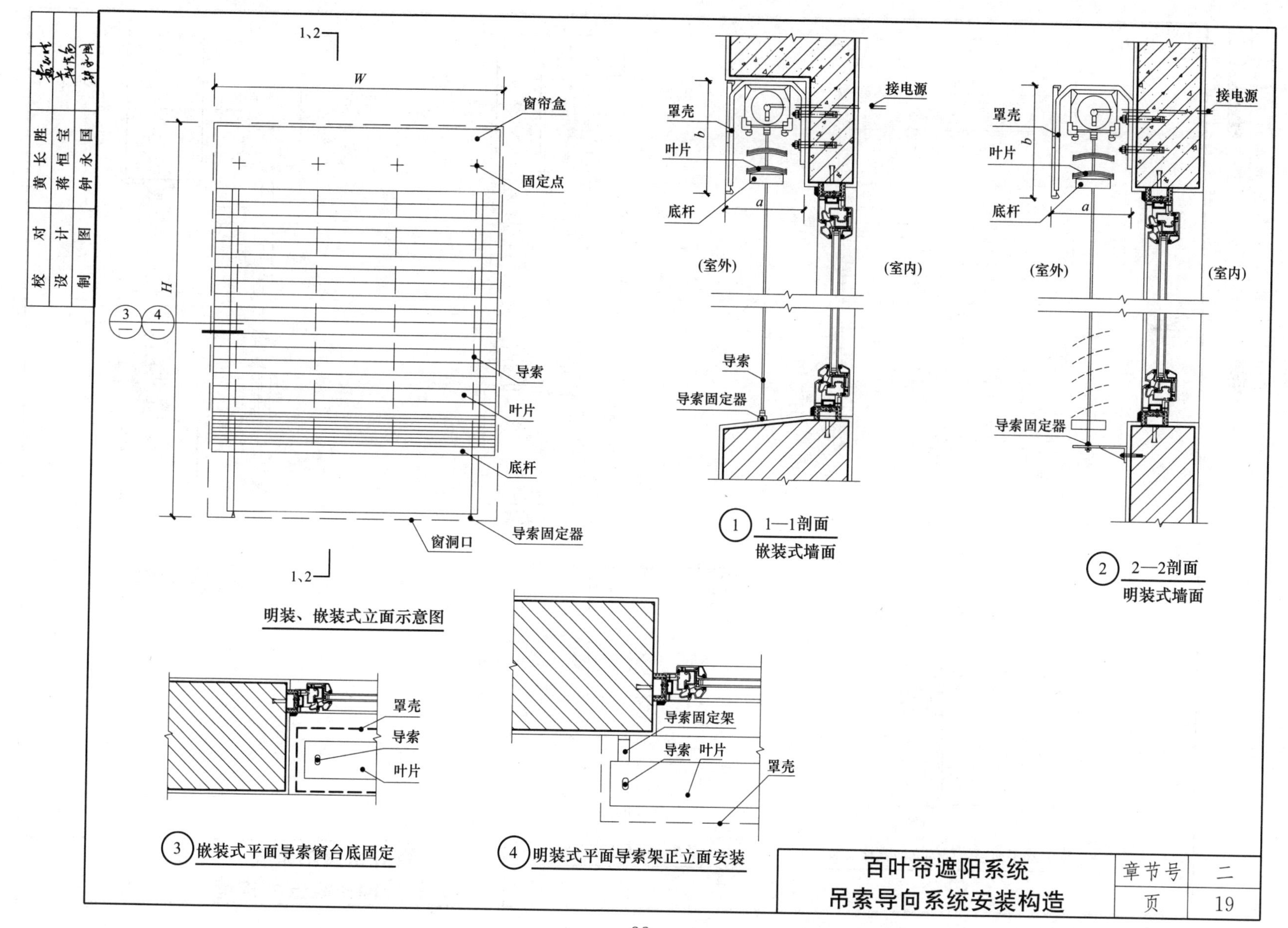

校 对 黄长胜
设 计 蒋恒宝
制 图 钟永国
1、2
W
H
窗帘盒
固定点
导索
叶片
底杆
窗洞口
导索固定器
明装、嵌装式立面示意图
接电源
罩壳
叶片
底杆
b
a
(室外)
(室内)
导索
导索固定器
1—1剖面
嵌装式墙面
2—2剖面
明装式墙面
导索固定架
导索 叶片
嵌装式平面导索窗台底固定
明装式平面导索架正立面安装
百叶帘遮阳系统
吊索导向系统安装构造
章节号 二
页 19

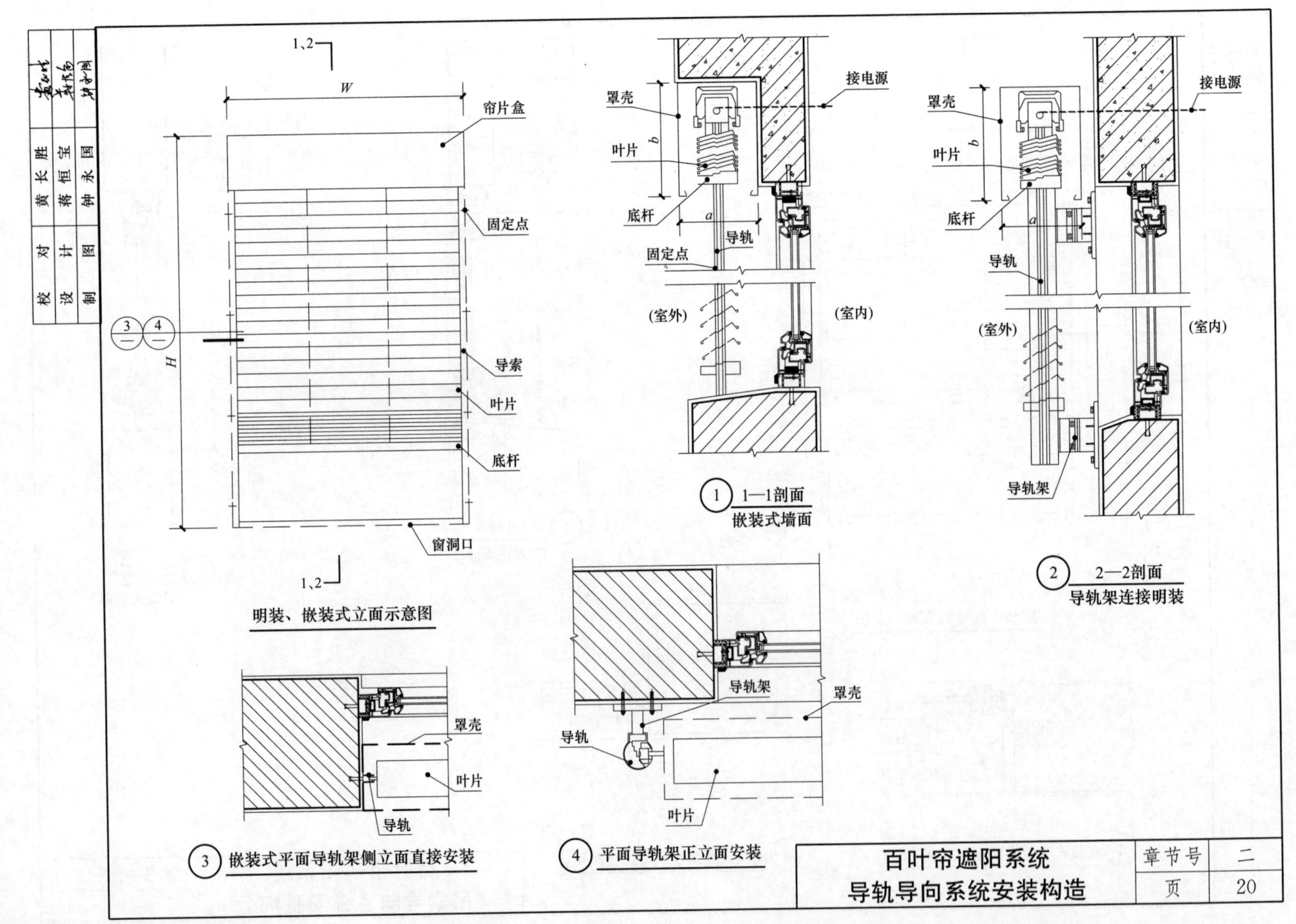

百叶帘遮阳系统 导轨导向系统安装构造	章节号	二
	页	20

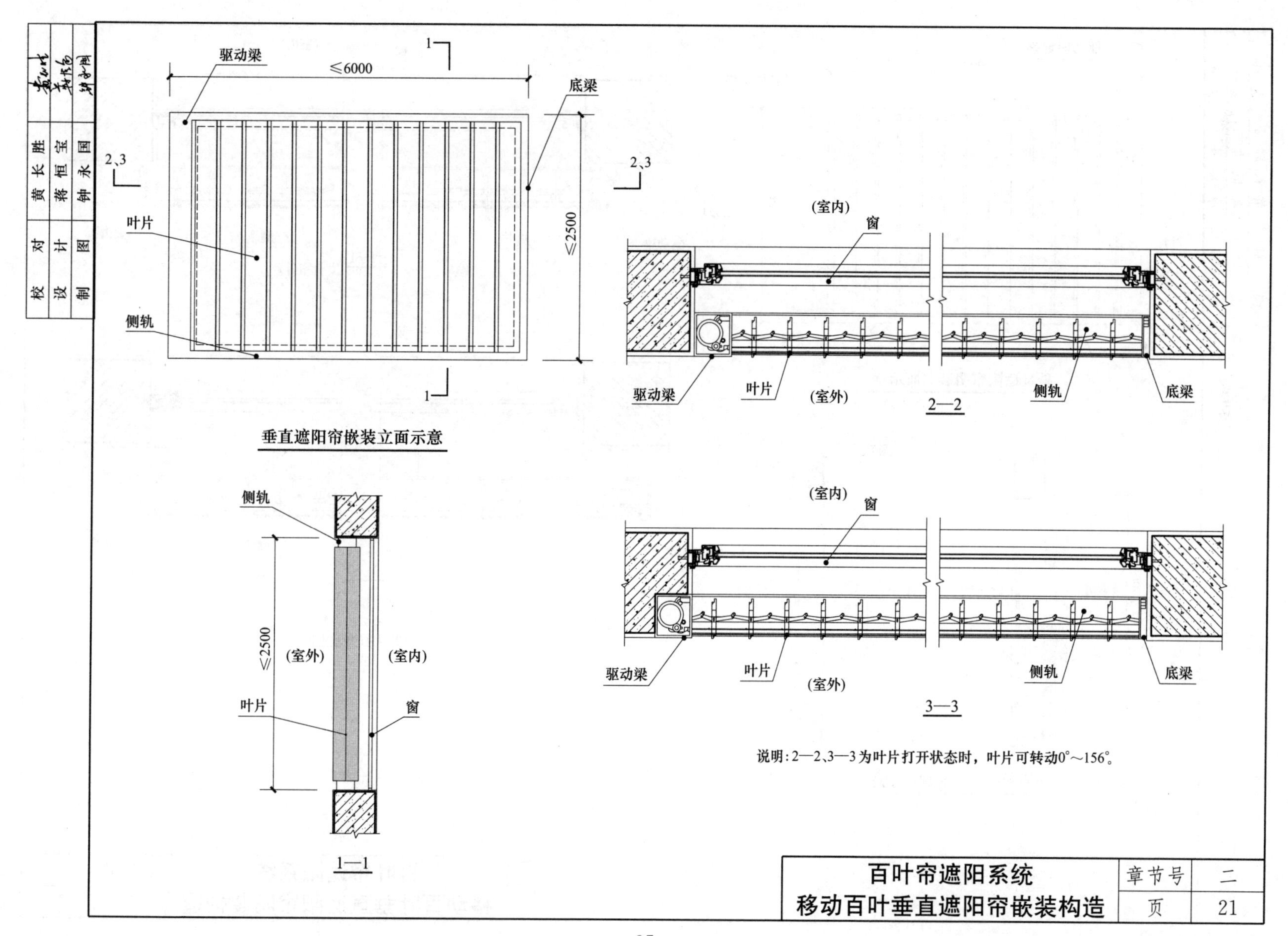

校对 黄长胜
设计 蒋恒宝
制图 钟永国
驱动梁
≤6000
底梁
叶片
≤2500
侧轨
垂直遮阳帘嵌装立面示意
(室内)
窗
驱动梁
叶片
(室外)
侧轨
底梁
2—2
3—3
1—1
≤2500
(室外)
(室内)
说明：2—2、3—3为叶片打开状态时，叶片可转动0°～156°。
百叶帘遮阳系统
移动百叶垂直遮阳帘嵌装构造
章节号 二
页 21

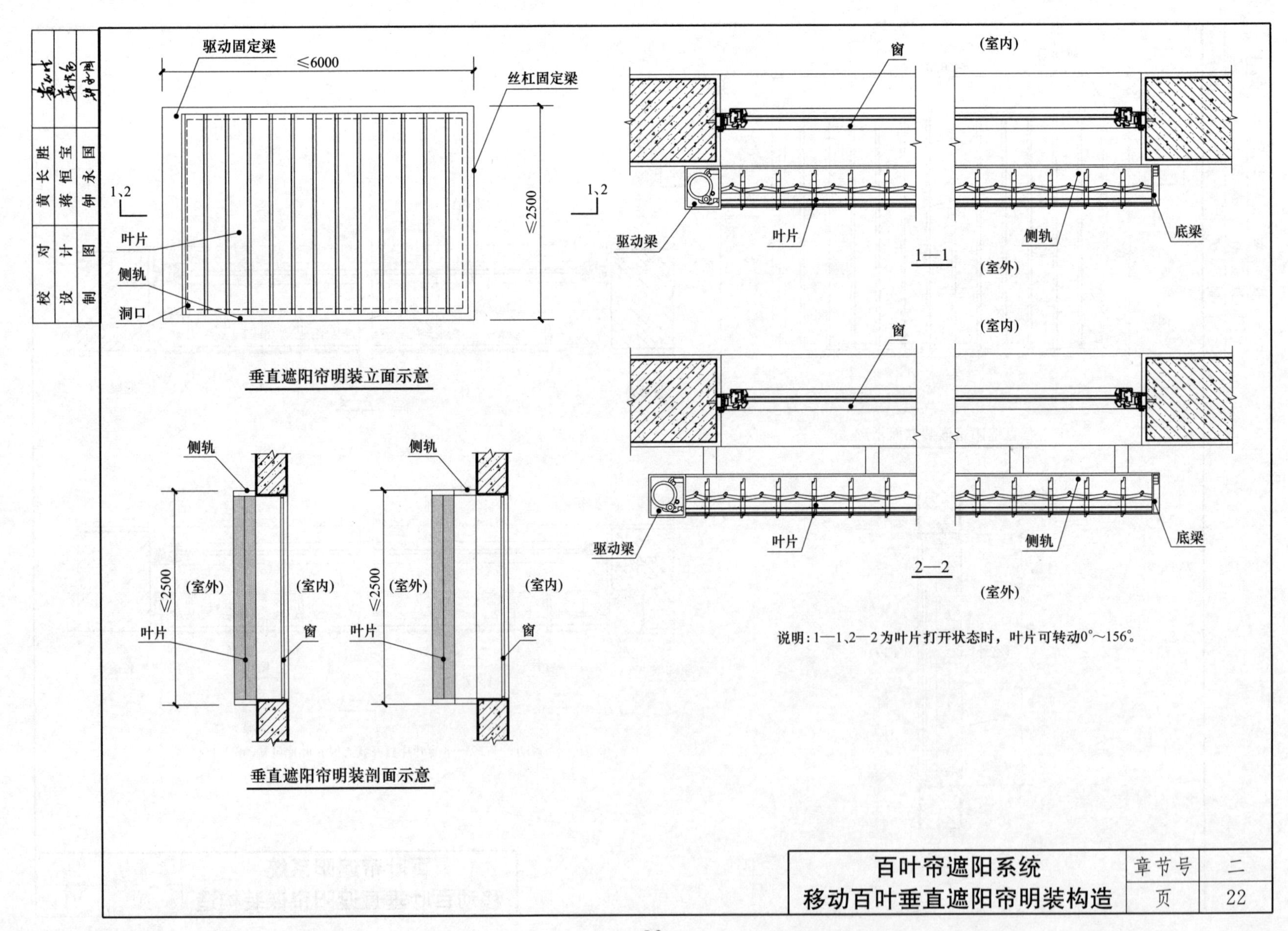
校 对 黄长胜
设 计 蒋恒宝
制 图 钟永国
驱动固定梁
≤6000
丝杠固定梁
≤2500
1、2
叶片
侧轨
洞口
垂直遮阳帘明装立面示意
侧轨
≤2500
(室外)
(室内)
叶片
窗
垂直遮阳帘明装剖面示意
(室内)
窗
驱动梁
叶片
侧轨
底梁
1—1
(室外)
2—2
说明：1—1、2—2为叶片打开状态时，叶片可转动0°～156°。
百叶帘遮阳系统
移动百叶垂直遮阳帘明装构造
章节号 二
页 22

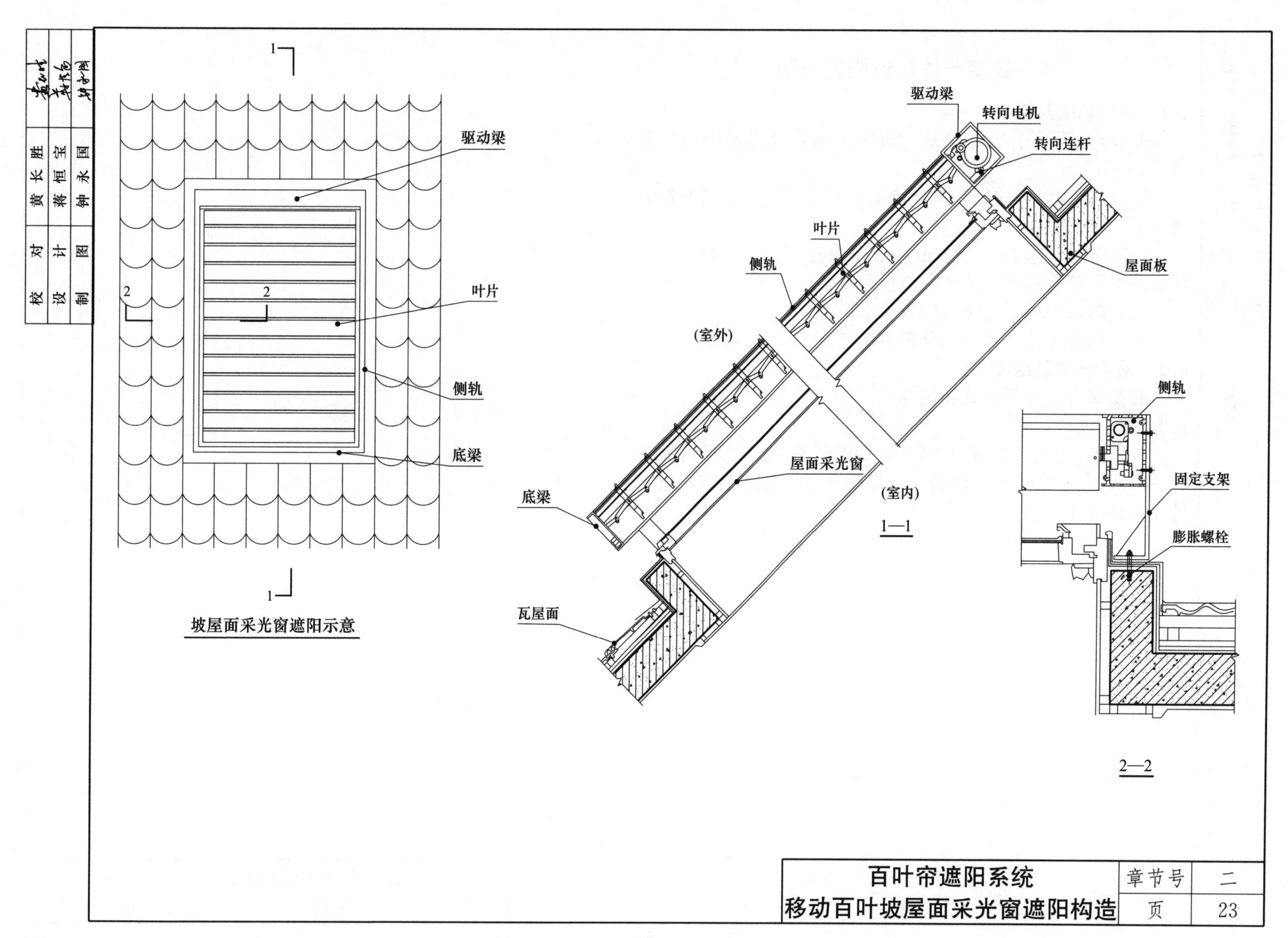

校对 黄长胜
设计 蒋恒宝
制图 钟永国
1
1
2
2
驱动梁
叶片
侧轨
底梁
坡屋面采光窗遮阳示意
驱动梁
转向电机
转向连杆
叶片
侧轨
屋面板
(室外)
屋面采光窗
(室内)
底梁
瓦屋面
1—1
侧轨
固定支架
膨胀螺栓
2—2
百叶帘遮阳系统
移动百叶坡屋面采光窗遮阳构造
章节号 二
页 23

6 建筑一体化遮阳窗说明

6.1 适用范围及说明

6.1.1 适用于居住建筑、旅馆、办公等建筑窗口的外遮阳。

6.1.2 说明：建筑一体化遮阳窗是集遮阳、纱窗和铝合金窗于一体的多功能节能门窗。

（1）金属硬卷帘：卷帘帘片中间填充PU发泡材料，有效提高了隔热、隔声和抗风性能。

（2）防蚊蝇纱：防止蚊蝇进入室内。

（3）铝合金窗：普通铝合金窗。

6.2 系统分类及组成

按操作方式分手动式和电动式。

6.3 遮阳设计

6.3.1 遮阳系数可由“WINDOWS”软件计算得出。

6.3.2 本章节所提供的构造仅供参考，使用者应根据具体工程情况作相应修改。

校对	黄长胜	设计	蒋恒宝	制图	李宁

建筑一体化遮阳窗说明	章节号	二
	页	24

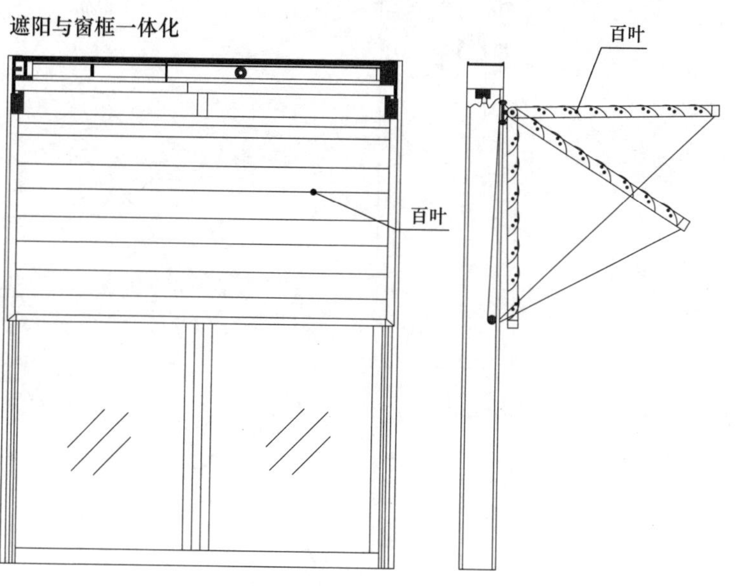

单摆臂遮阳板(百叶)示意图

遮阳时百叶放下，不需遮阳时百叶板摆向上

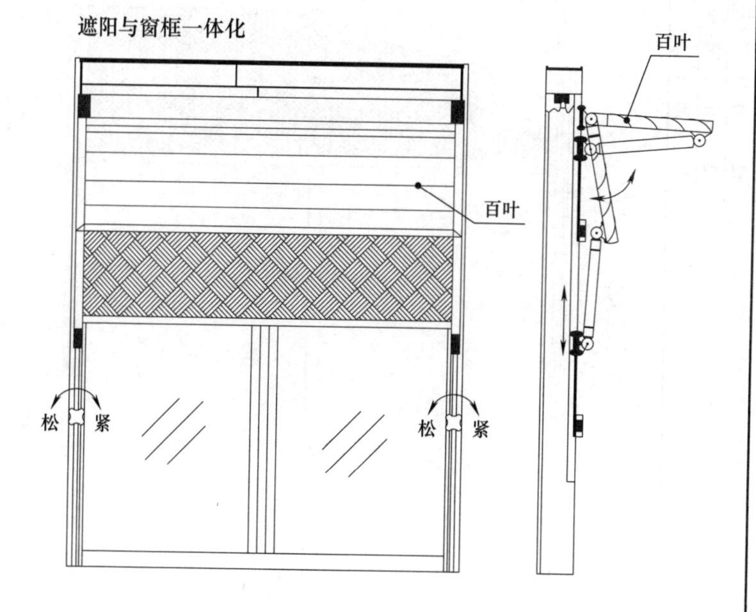

双摆臂遮阳板(百叶)示意图

遮阳时百叶放下，不需遮阳时百叶板摆向上

建筑一体化遮阳窗单摆臂遮阳板、双摆臂遮阳板（百叶）	章节号	二
	页	25

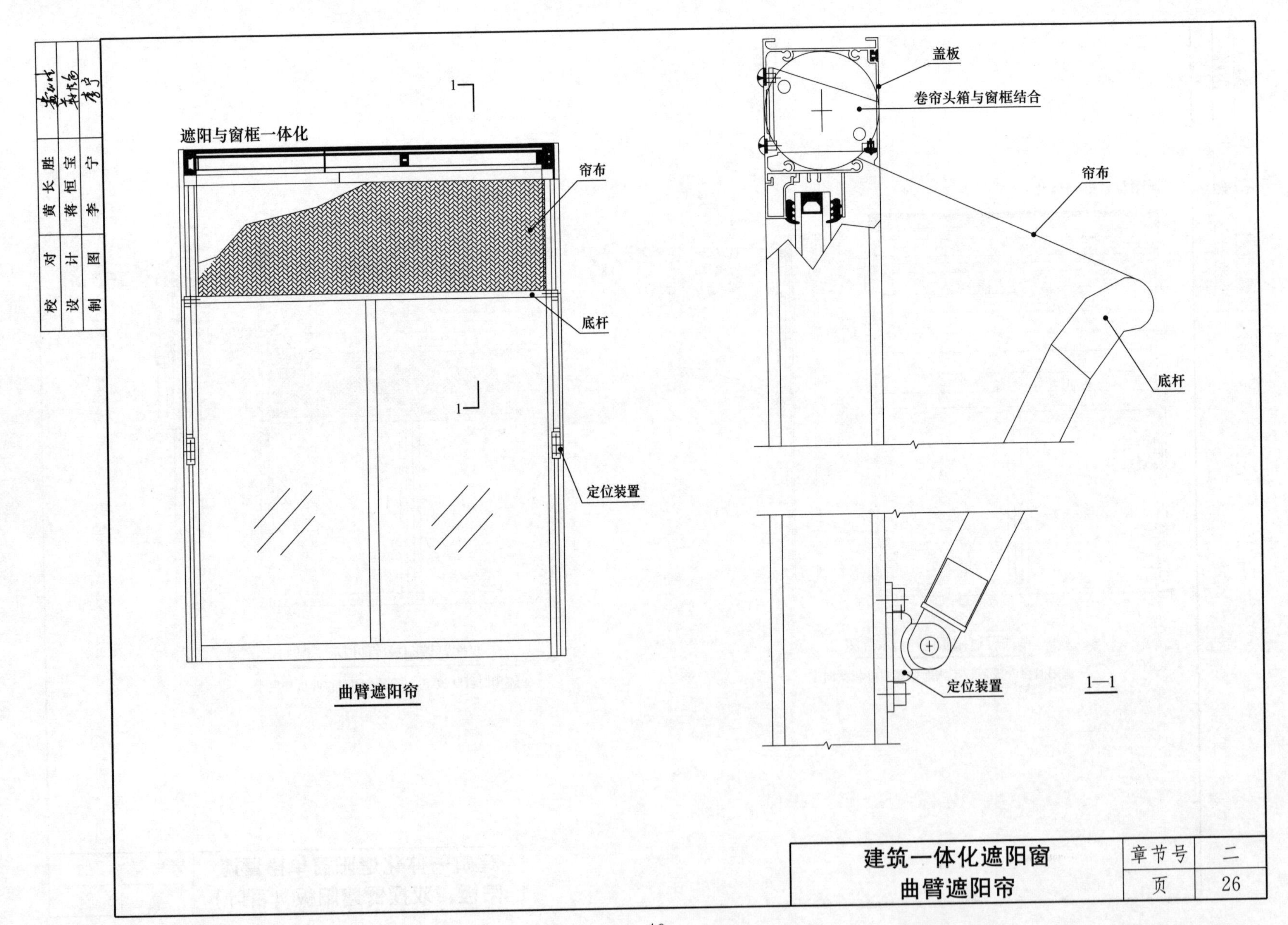
校 对
设 计
制 图
黄长胜
蒋恒宝
李 宁
遮阳与窗框一体化
帘布
底杆
定位装置
曲臂遮阳帘
盖板
卷帘头箱与窗框结合
帘布
底杆
定位装置
1—1
建筑一体化遮阳窗
曲臂遮阳帘
章节号
二
页
26

7 内置遮阳（遮阳百叶窗）说明

7.1 适用范围及说明

7.1.1 适用于居住建筑、旅馆和办公等建筑的外遮阳，同时适用于高层、超高层建筑。

7.1.2 说明：内置遮阳“在中空玻璃内安装遮阳装置的制品，可控制遮阳装置的功能动作在中空玻璃外面操作”。

注：《绿色建筑评价标识实施细则 2015》中对于永久设施（中空玻璃夹层智能内遮阳）阐释为可调外遮阳。

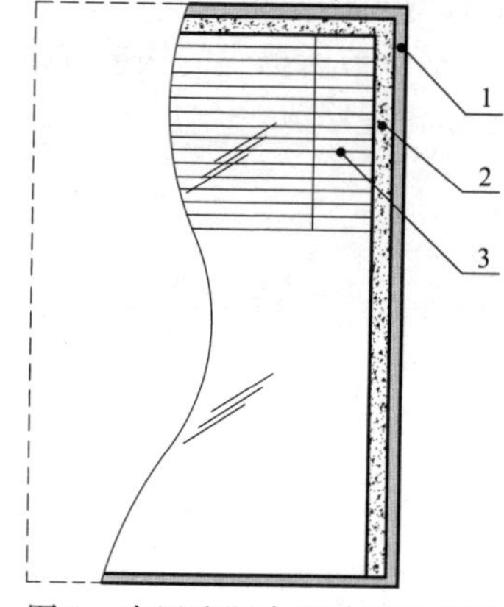

图 1 内置遮阳中空玻璃示意图

1—密封胶；2—边框；3—遮阳材料（百叶帘）

7.2 系统分类及组成

7.2.1 按内置遮阳帘的构造可分为：

（a）百叶窗 （b）折叠窗

（c）蜂巢窗 （d）卷轴窗

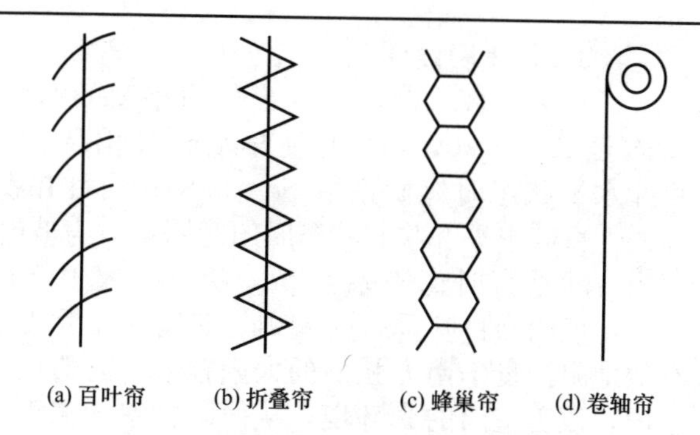

图 2 内置遮阳帘的构造做法示意图

7.2.2 按内置遮阳帘的伸展和回收方向可分为：

（1）竖向

（2）横向

（3）水平（注：水平收展方向的内置遮阳中空玻璃品使用于采光顶）。

7.2.3 按驱动方式分：电动方式、手动方式。

7.3 遮阳设计

7.3.1 构造要求：

（1）内置遮阳装置处于完全伸展位置时，遮阳材料与边框的间隙为 3mm～5mm，当采用多套遮阳装置时，遮阳装置之间间隙为 5mm～8mm。

（2）内置遮阳装置与两块相邻玻璃内表面的间隙之和不应小于 4mm。

（3）安装有传动机的边框内侧到玻璃对应边缘的距离为±1.0mm。

校对	黄长胜	设计	蒋桓宝	制图	李宁

7.3.2 遮阳设计

(1) 遮阳性：遮阳百叶窗外窗整窗的遮阳系数由 Sc=0.18 至 Sc=0.90，当百叶垂直状态时遮阳系数 Sc=0.18；当百叶水平状态时遮阳系数 Sc=0.83；当百叶收起状态 Sc=0.90。百叶水平和收起状态时的遮阳系数为玻璃的遮阳系数，但当百叶垂直时遮阳系数 Sc=0.18。太阳能直接投射比为0.16，说明当百叶垂直时室内还是有一定程度的可见光，能有效地阻挡夏季南方强烈的太阳辐射，而造成的阳光直射到室内，改善室内的光环境，从而降低室内温度，减少建筑空调能耗。

内置百叶中空玻璃窗

简　介	开启方式	遮阳系数	适用范围
1. 铝合金百叶置于两层玻璃之间，百叶可根据需要调整角度及上升叠合或下降、以达到遮阳和阻挡视线的作用。 2. 无需上部帘箱。 3. 遮阳效果好，使用范围广，价格适中	1. 手动 2. 遥控电动	0.18～0.90	1. 住宅或公共建筑的各部位需要遮阳的外窗(门) 2. 适用面广，并可用于室内的玻璃分隔墙的阻挡视线

(2) 节能性：中空玻璃的 K 值（传热系数）比单层玻璃低，而且在夏天，百叶片可以阻挡阳光照射，降低室内温度；冬天，调节百叶角度采光采暖，可以提高室内温度。所以使用百叶中空玻璃能使能源消耗大幅降低。

7.4 选用说明

7.4.1 本章节提供的遮阳系数可能会由于具体的材料不同而产生差异，“7.3.2 条（1）”中的数值仅供参考，实际工程中的遮阳系数可由“WINDOWS”软件计算得出。

7.4.2 中空玻璃的中空厚度应根据节能设计要求并咨询专业资质的检测机构而得。

7.4.3 本章节所提供的构造仅供参考，使用者应根据具体工程情况作相应修改。

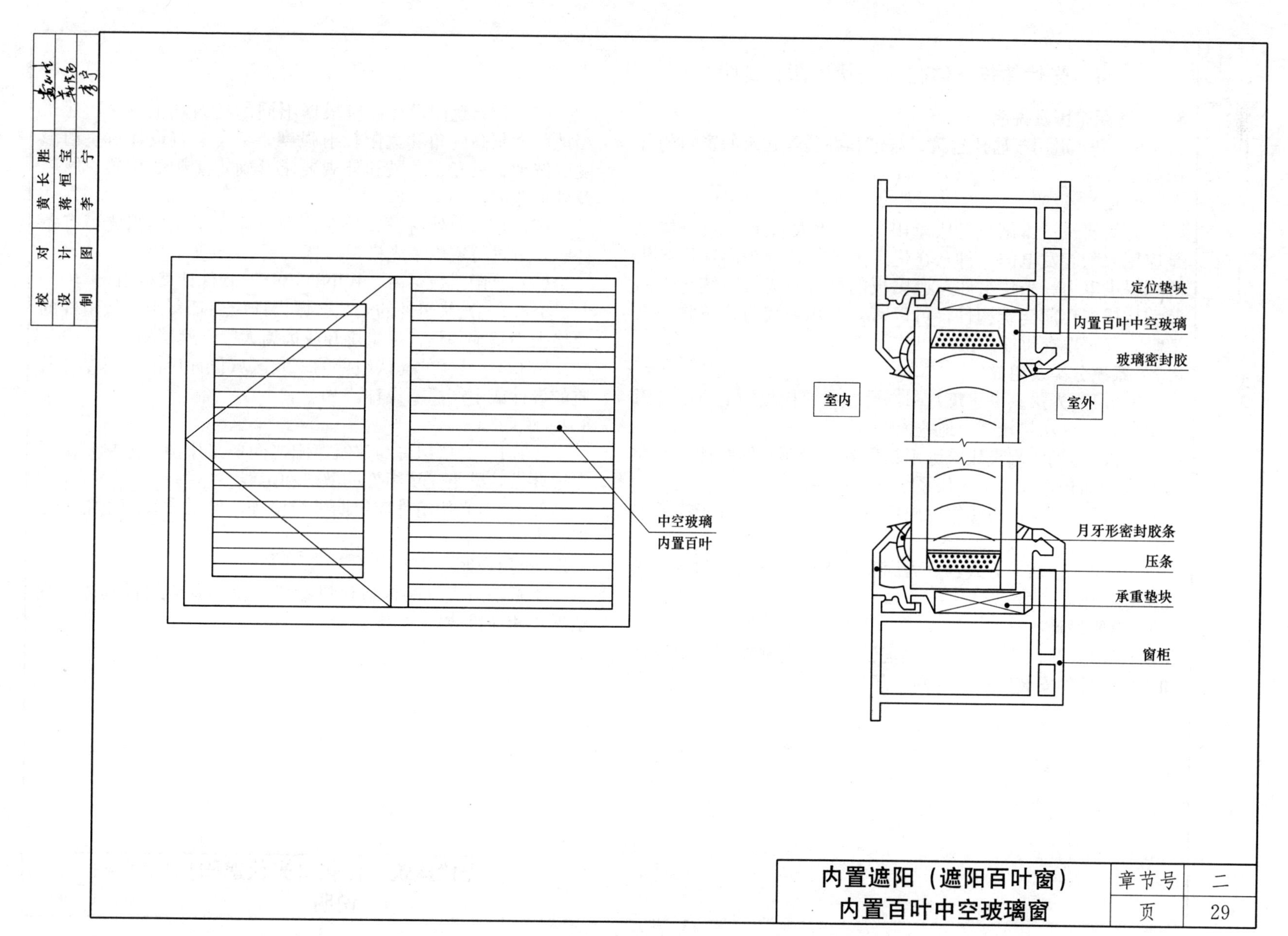
校对 黄长胜
设计 蒋恒宝
制图 李宁
中空玻璃
内置百叶
定位垫块
内置百叶中空玻璃
玻璃密封胶
室内
室外
月牙形密封胶条
压条
承重垫块
窗柜
内置遮阳（遮阳百叶窗）
内置百叶中空玻璃窗
章节号
二
页
29

8　光伏建筑一体化（光伏遮阳）说明

8.1　适用范围及说明

8.1.1　适用于居住建筑、旅馆和办公等建筑的窗口的外遮阳。

8.1.2　说明

光伏建筑一体化（光伏遮阳）：光伏太阳能-建筑一体化是应用太阳能发电的一种，在建筑围护结构外表面铺设光伏阵列提供电力。光伏组件与遮阳板的结合将光伏系统与遮阳装置构成多功能建筑构件，可以有效利用空间为建筑物提供遮挡，又可以提供能源。

8.2　系统分类及组成

8.2.1　光伏水平建筑遮阳：设置在遮阳板的上方，受阳光直射，发电功效较高，适宜南向。

8.2.2　光伏垂直建筑遮阳：设置于遮阳板的两侧，能拥有较大的面积，此设置光伏系统适宜东西向。

8.2.3　光伏挡板建筑遮阳：设置于室外，适宜于接近东西向的外窗。

8.2.4　按活动方式：分为固定式光伏建筑遮阳和活动式光伏建筑遮阳。

8.3　遮阳设计

8.3.1　光伏建筑遮阳的建筑设计主要包括建筑遮阳设计和光伏组件的安装区域设计两个部分。

（1）建筑遮阳设计：应根据不同的建筑热工分区，建筑当地的太阳高度角和太阳辐射强度，结合建筑设计对室内温度的波动、采光、通风和外观要求，确定遮阳的位置、厚度及外伸宽度。

（2）东西向外窗设置外遮阳时，应考虑室内采光，有条件时，可进行室内采光模拟计算。

（3）遮阳系数可由“WINDOWS”软件计算得出。

8.3.2　光伏组件的安装区域设计应保证每个光伏组件的规格大小基本一致，尽量避开或远离太阳光遮挡物。

8.3.3　具体的光伏组件的安装区域设计应由具有专业资质的设计或生产厂商设计。

8.4　说明

8.4.1　光伏组件与建筑遮阳之间要采用浮动连接，满足变形要求，满足光伏组件的散热和走线。

8.4.2　光伏组件应定期进行检查，保证设备的正常工作以及安全使用。

8.5　选用说明

本章节所提供的构造仅供参考，使用者应根据具体工程情况作相应修改。

校对	蒋恒宝	设计	黄长胜	制图	蒋恒宝

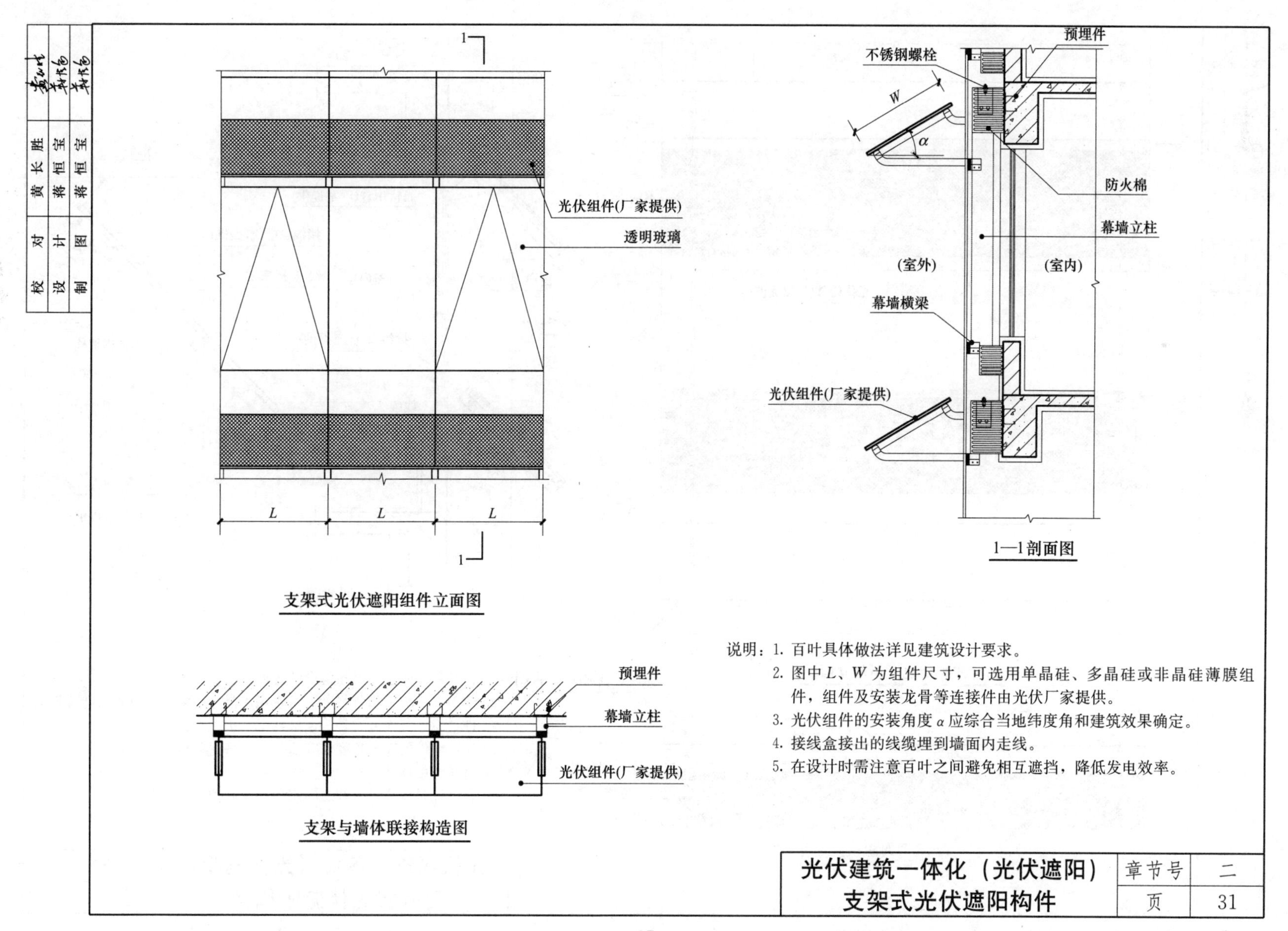

说明：1. 百叶具体做法详见建筑设计要求。

2. 图中 L、W 为组件尺寸，可选用单晶硅、多晶硅或非晶硅薄膜组件，组件及安装龙骨等连接件由光伏厂家提供。

3. 光伏组件的安装角度 α 应综合当地纬度角和建筑效果确定。

4. 接线盒接出的线缆埋到墙面内走线。

5. 在设计时需注意百叶之间避免相互遮挡，降低发电效率。

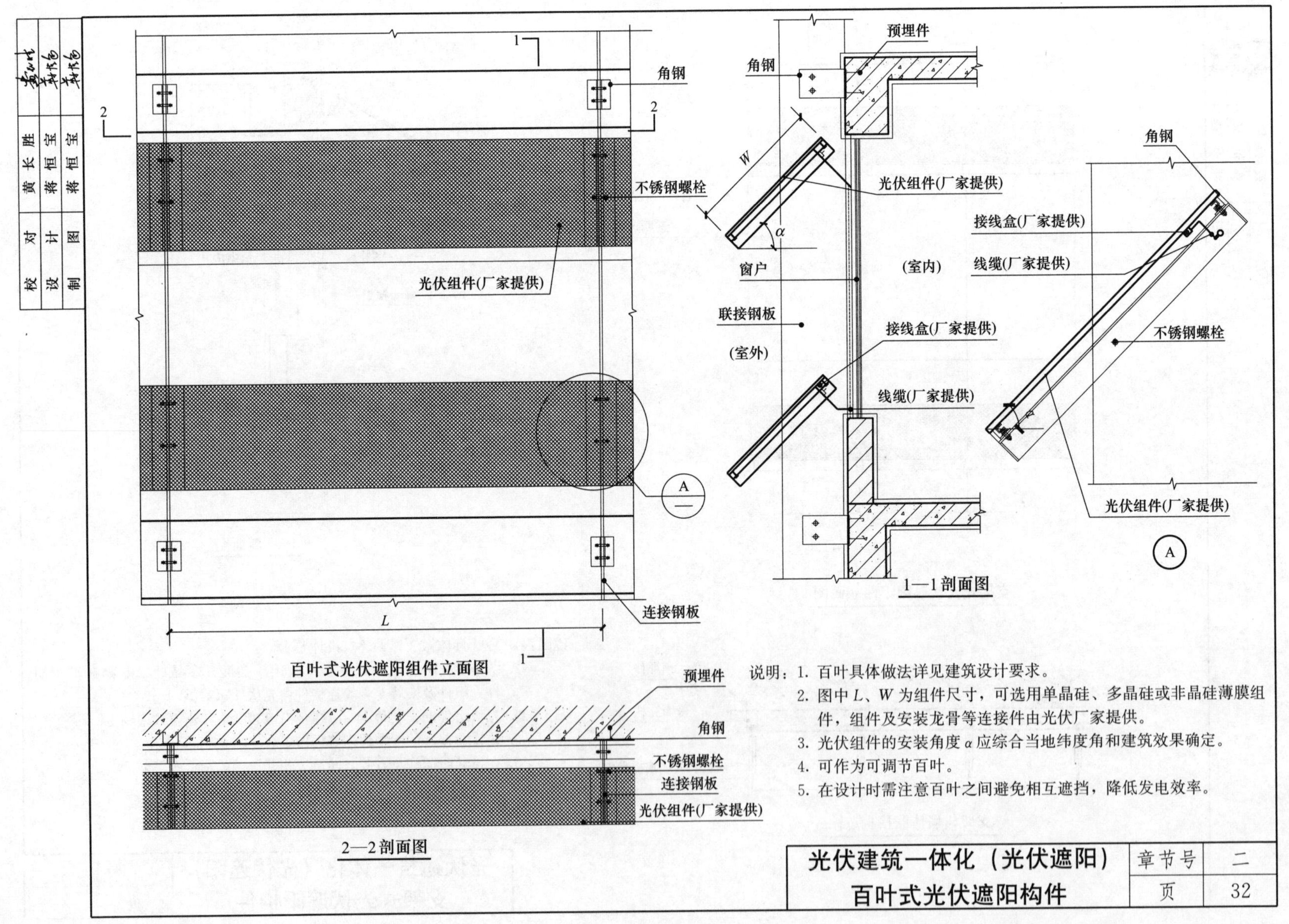

说明：1. 百叶具体做法详见建筑设计要求。
2. 图中 L、W 为组件尺寸，可选用单晶硅、多晶硅或非晶硅薄膜组件，组件及安装龙骨等连接件由光伏厂家提供。
3. 光伏组件的安装角度 α 应综合当地纬度角和建筑效果确定。
4. 可作为可调节百叶。
5. 在设计时需注意百叶之间避免相互遮挡，降低发电效率。

光伏建筑一体化（光伏遮阳）
百叶式光伏遮阳构件

章节号	二
页	32

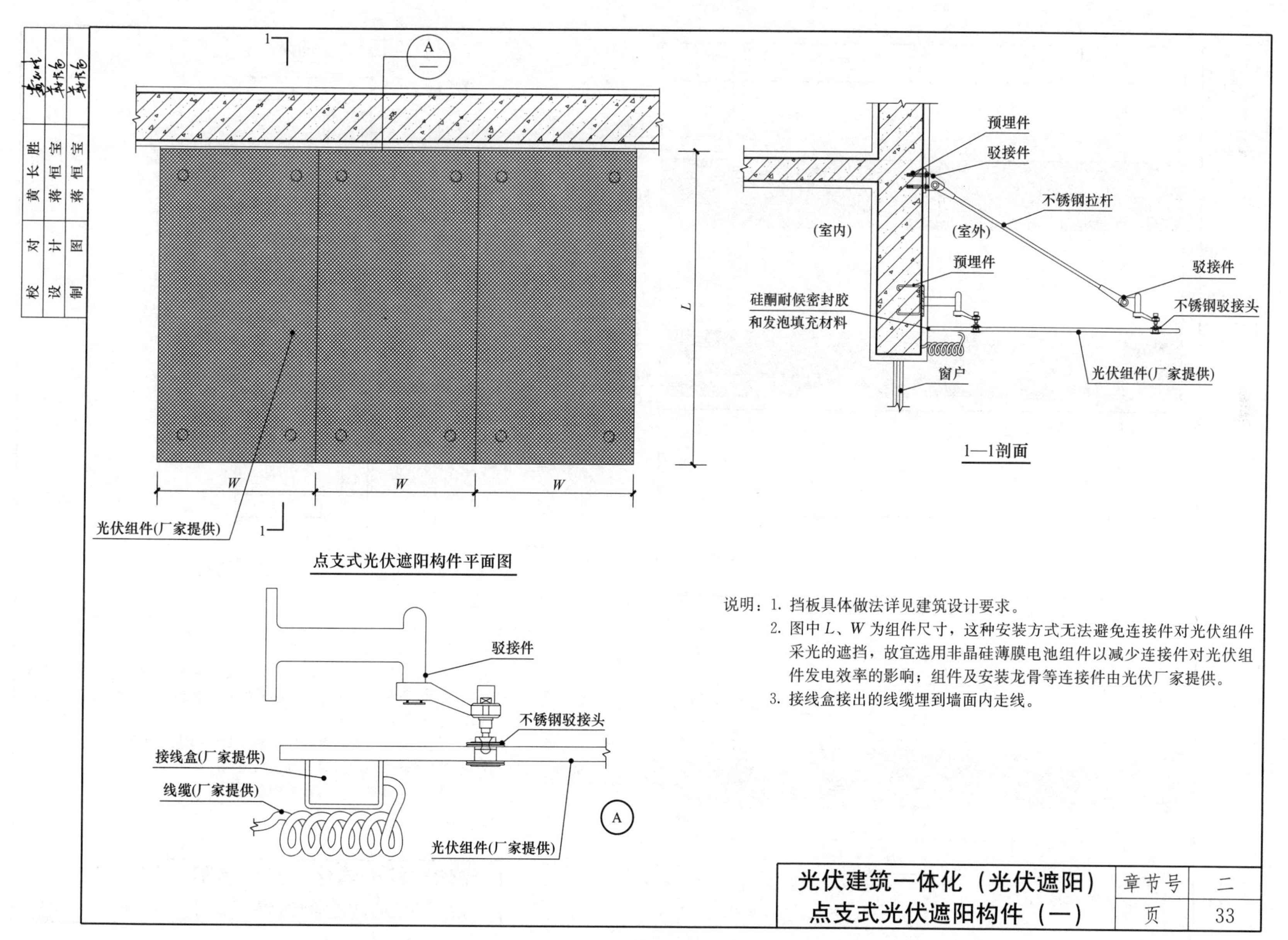
校对 黄长胜
设计 蒋恒宝
制图 蒋恒宝
A
预埋件
驳接件
不锈钢拉杆
(室内)
(室外)
预埋件
驳接件
硅酮耐候密封胶
和发泡填充材料
不锈钢驳接头
窗户
光伏组件(厂家提供)
1—1剖面
L
W
W
W
光伏组件(厂家提供)
点支式光伏遮阳构件平面图
驳接件
不锈钢驳接头
接线盒(厂家提供)
线缆(厂家提供)
光伏组件(厂家提供)
A
说明：1. 挡板具体做法详见建筑设计要求。
2. 图中L、W为组件尺寸，这种安装方式无法避免连接件对光伏组件采光的遮挡，故宜选用非晶硅薄膜电池组件以减少连接件对光伏组件发电效率的影响；组件及安装龙骨等连接件由光伏厂家提供。
3. 接线盒接出的线缆埋到墙面内走线。
光伏建筑一体化（光伏遮阳）
点支式光伏遮阳构件（一）
章节号 二
页 33

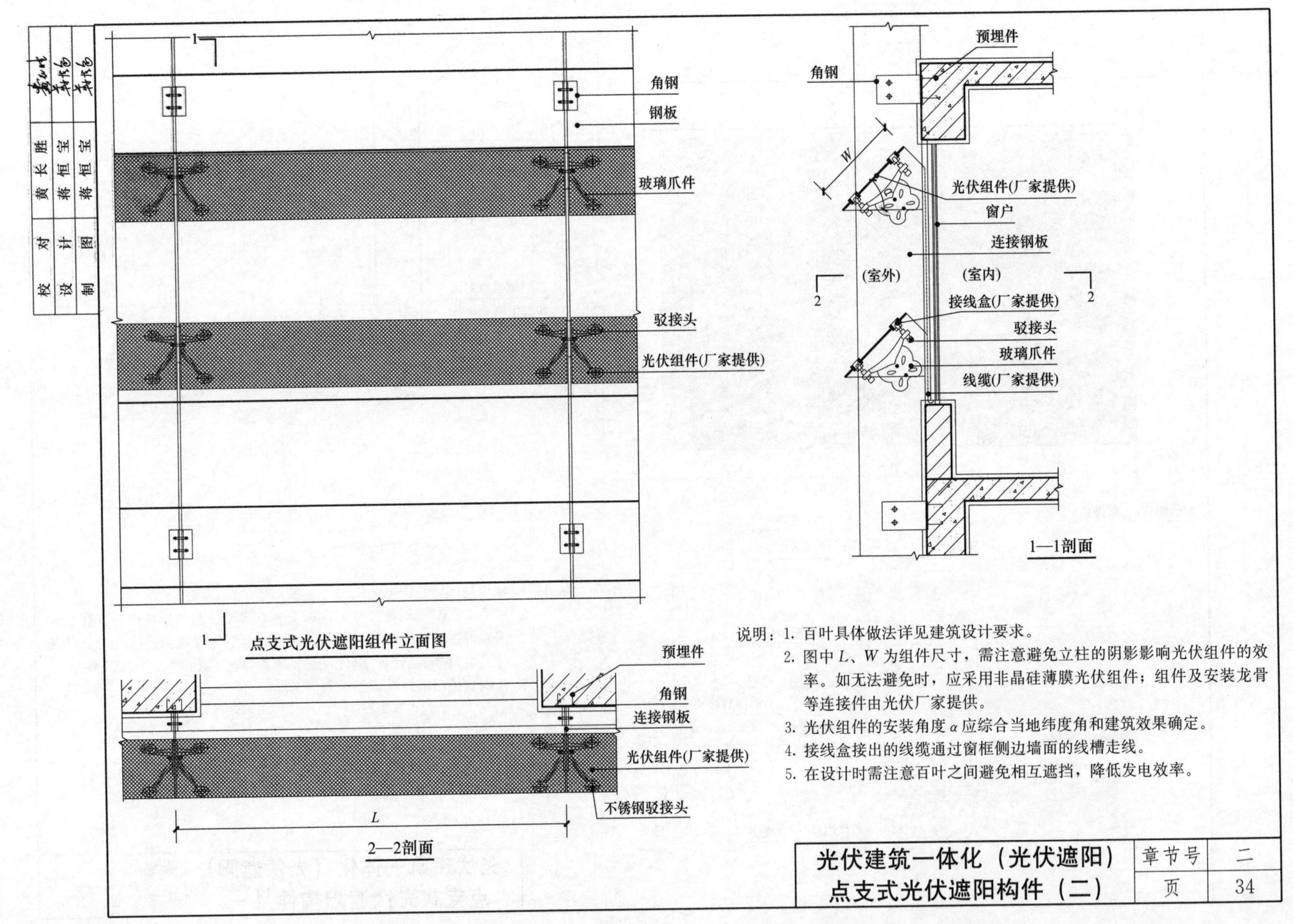

说明：1. 百叶具体做法详见建筑设计要求。

2. 图中 L、W 为组件尺寸，需注意避免立柱的阴影影响光伏组件的效率。如无法避免时，应采用非晶硅薄膜光伏组件；组件及安装龙骨等连接件由光伏厂家提供。

3. 光伏组件的安装角度 α 应综合当地纬度角和建筑效果确定。

4. 接线盒接出的线缆通过窗框侧边墙面的线槽走线。

5. 在设计时需注意百叶之间避免相互遮挡，降低发电效率。

光伏建筑一体化（光伏遮阳） 点支式光伏遮阳构件（二）	章节号	二
	页	34

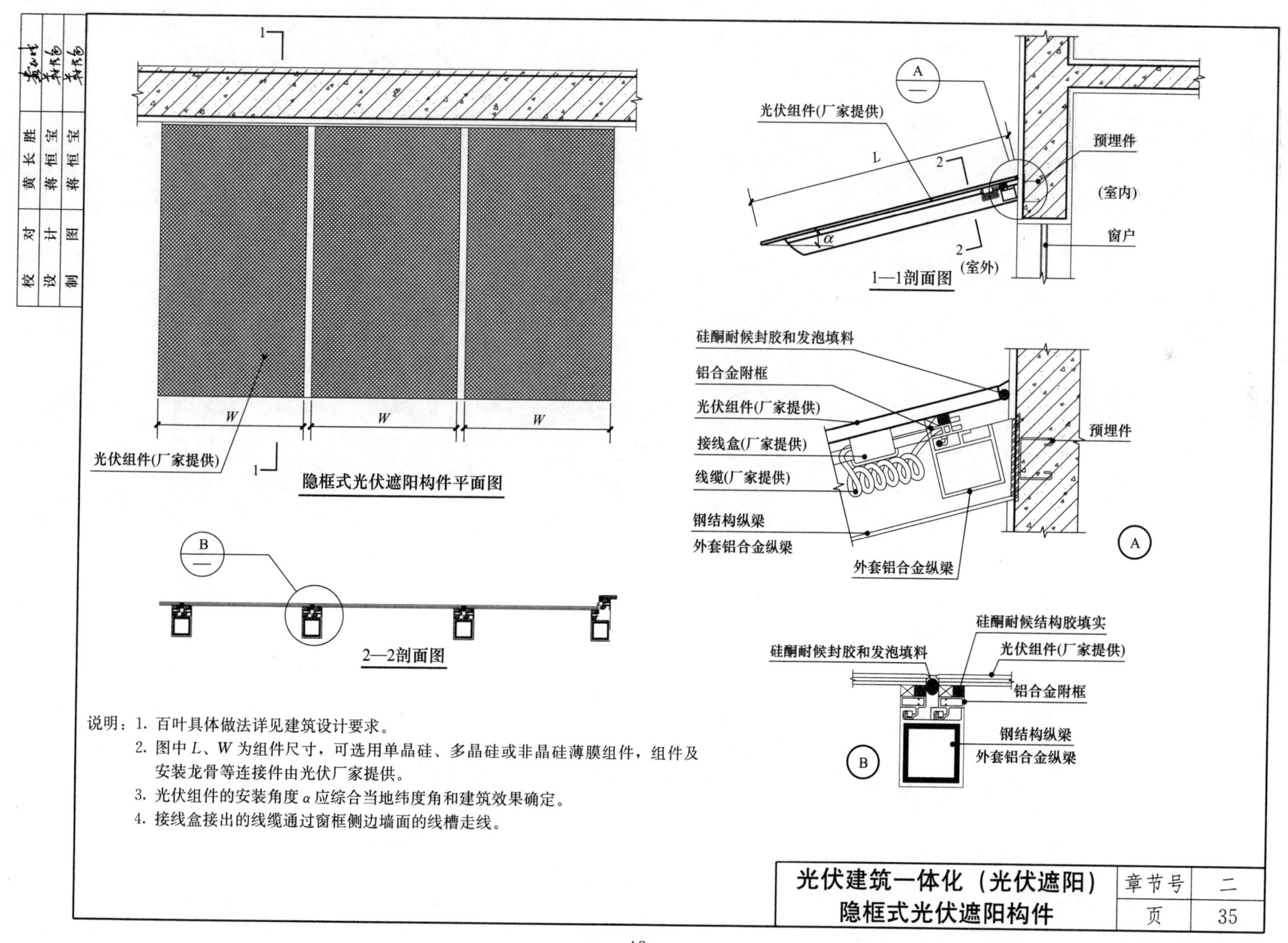
校对 黄长胜
设计 蒋桓宝
制图 蒋桓宝
光伏组件(厂家提供)
W
W
W
隐框式光伏遮阳构件平面图
A
光伏组件(厂家提供)
L
2
α
2
预埋件
(室内)
窗户
(室外)
1—1剖面图
硅酮耐候封胶和发泡填料
铝合金附框
光伏组件(厂家提供)
接线盒(厂家提供)
线缆(厂家提供)
钢结构纵梁
外套铝合金纵梁
预埋件
外套铝合金纵梁
A
B
2—2剖面图
硅酮耐候结构胶填实
硅酮耐候封胶和发泡填料
光伏组件(厂家提供)
铝合金附框
钢结构纵梁
外套铝合金纵梁
B
说明：1. 百叶具体做法详见建筑设计要求。
2. 图中L、W为组件尺寸，可选用单晶硅、多晶硅或非晶硅薄膜组件，组件及安装龙骨等连接件由光伏厂家提供。
3. 光伏组件的安装角度α应综合当地纬度角和建筑效果确定。
4. 接线盒接出的线缆通过窗框侧边墙面的线槽走线。
光伏建筑一体化（光伏遮阳）
隐框式光伏遮阳构件
章节号 二
页 35

三　楼板隔声构造做法

校对	周泽佳	
设计	尹继	
制图	陈达	

三 楼板隔声构造做法目录

校对 周泽佳 设计 尹继 制图 陈达

三　楼板隔声构造总说明

1　适用范围

适用于广州市新建、改建和扩建工程的绿色建筑设计。

2　设计内容

本章节共编制了二类楼板隔声构造，一类为在楼板的面层与基层之间加设隔声垫板，另一类为在楼板下面加设吸声吊顶构造。

3　设计依据

《绿色建筑评价标准》GB/T 50378—2014

《广州市绿色建筑设计指南》(2015 版)

《声环境质量标准》GB 3096—2008

《民用建筑隔声设计规范》GB 50118—2010

《建筑隔声评价标准》GB/T 50121—2005

4　楼板的隔声构造说明

楼板的隔声包括对撞击声和空气声两种声的隔绝性能。一般来说，达到楼板的空气声隔声标准不难，因为目前常用的钢筋混凝土材料具有较好的隔绝空气声性能。据测定，厚120mm 的钢筋混凝土空气隔声量在 48dB～50dB，如果再加上其他构造措施效果会更好。

广州常规采用的 100mm～140mm 混凝土楼板＋砂浆找平＋地砖构造不能满足楼板撞击声隔声要求，需要考虑适当的撞击隔声措施。所以在一些工程中，采用隔声垫、木地板、吸声吊顶等措施，来改善楼板的撞击声隔声量，具体的设计及施工按照工程实际情况实施，并提供现场检测报告等相关报告。

由于相同做法的隔声措施在不同户型和楼板构造中的应用会对隔声量产生较大影响，故采用本图集隔声做法时必须先制作样板间并进行实测，实测结果满足设计及标准要求时，才可进行大面积施工。

5　常用楼板的撞击声隔声性能

常用各类楼板的计权标准化撞击声压级 (dB)

构造简图	面密度 (kg/m³)	计权标准化撞击声压级 Lnpw (dB)
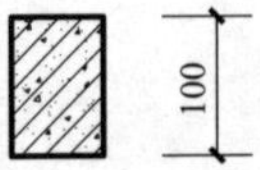 100 厚钢筋混凝土楼板	240	80～85
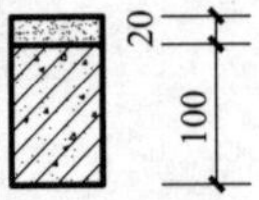 1. 20 厚水泥砂浆 2. 100 厚钢筋混凝土楼板	270	80～82

注：上表来源于《建筑隔声与吸声构造》08J931。

楼板隔声构造 总说明（一）	章节号	三
	页	2

6 验收、检验

隔声楼板施工完成后应按《声学　建筑和建筑构件隔声测量　第 7 部分：楼板撞击声隔声的现场测量》GB/T 19889.7—2005 等有关规定进行检验及验收。

7 本章节配套使用图集

《建筑隔声与吸声构造》08J931

《轻钢龙骨石膏板隔墙、吊顶》07CJ03-1

《内装修—室内吊顶》12J502-2

《纤维增强硅酸钙板》JC/T 564—2008

《纸面石膏板》GB/T 9775—2008

《吸声用穿孔石膏板》JC/T 803—2007

8 其他

计权规范化撞击声压级：楼板撞击声隔声在实验室测量所确定的空气声隔声的单值评价量；

计权标准化撞击声压级：楼板撞击声隔声在现场测量所确定的空气声隔声的单值评价量；

本章节未注明单位的尺寸均以毫米（mm）计；

本章节未尽事宜，应按国家现行有关规范、标准和有关技术法规文件以及企业标准严格执行；

本章节所依据的规范、标准如有新的版本时，应按新版本作相应的验算调整，使其不与新版本相悖。

校对	周泽佳	设计	尹继	制图	陈达

楼板隔声构造 总说明（二）	章节号	三
	页	3

1 楼板减振隔声垫隔声构造

1.1 5mm厚PU橡胶隔声垫

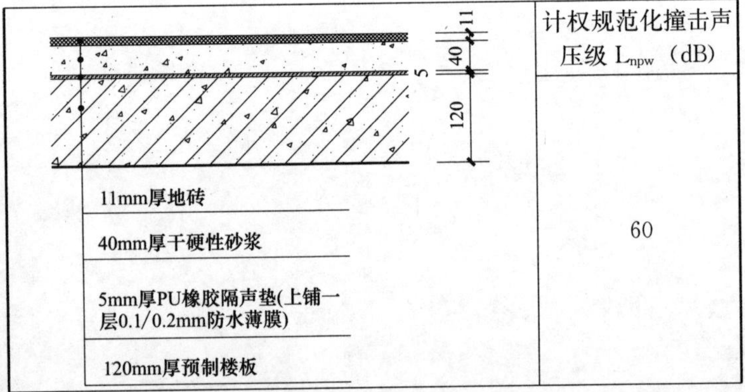

注：根据清华大学建筑环境检测中心检测，此构造计权规范化撞击声压级为实验室中所测数据，具体构造层根据工程实际情况进行或另行咨询。

1.2 3mm厚聚氨酯橡胶隔声垫

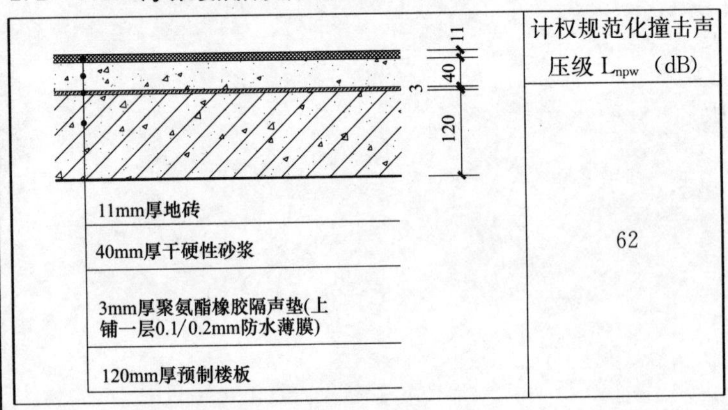

注：根据清华大学建筑环境检测中心检测，此构造计权规范化撞击声压级为实验室中所测数据，具体构造层根据工程实际情况进行或另行咨询。

1.3 5mm厚单面凹发泡橡胶减振垫板

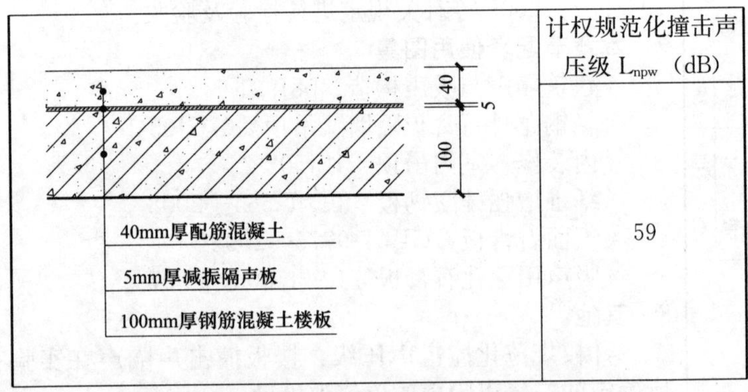

注：根据《建筑隔声与吸声构造》08J931中的资料编制。

校对	周泽佳	设计	尹继	制图	陈达

楼板隔声构造 减振隔声垫	章节号	三
	页	4

校对 周泽佳　设计 尹继　制图 陈达

2　隔声瓷砖

隔声瓷砖是一种隔声产品，主要原理是将一种隔声材料复合在普通瓷砖底部，实现楼板隔声装饰一体化。

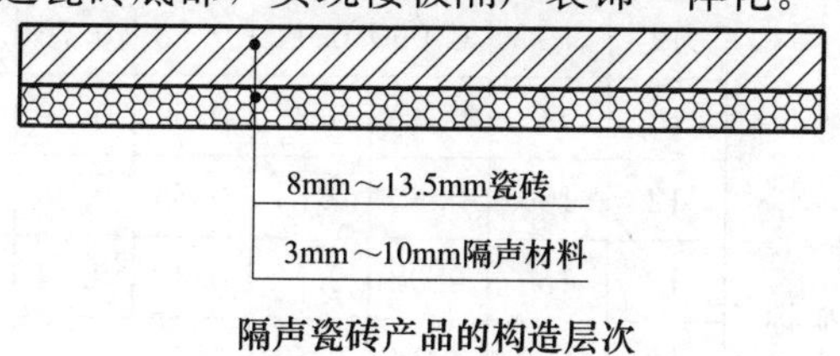

隔声瓷砖产品的构造层次

3　木地板

构造简图	面密度（kg/m³）	计权标准化撞击声压级 L_{npw}（dB）
16 20 100 1. 16厚柞木木地板 2. 20厚水泥砂浆 3. 100厚钢筋混凝土楼板	275	63

注：上表来源于《建筑隔声与吸声构造》08J931。

楼板隔声构造 楼板隔声类型	章节号	三
	页	5

校对 周泽佳 设计 尹继 制图 陈达

4 楼板吸声吊顶构造

钢筋混凝土楼板较厚重，对空气声的隔声效果较好，但对撞击声的隔声效果较差。对于隔声要求较高的房间，楼板可采取加设吸声吊顶的措施以改善楼板的撞击声隔声性能。具体的设计及施工按照工程实际情况实施，并提供现场检测报告等相关报告。

4.1 吸声面板吊顶

矿棉吸声板（以下简称矿棉板）是以矿渣棉为主要原材料，加入适量的配料粘结剂及附加剂，经成型、烘干、切割、表面处理而成的以室内吊顶为主的高级装饰材料。

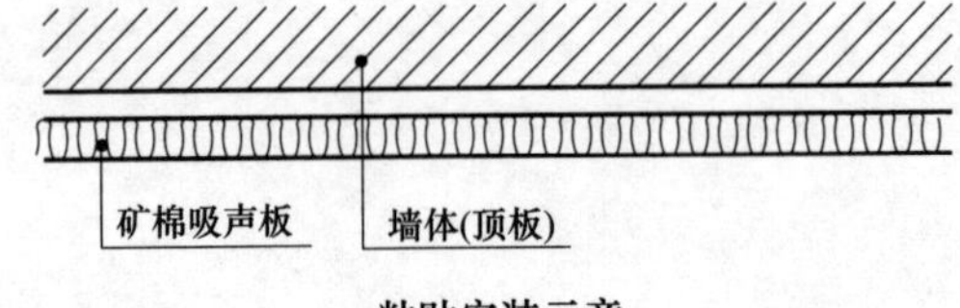

粘贴安装示意

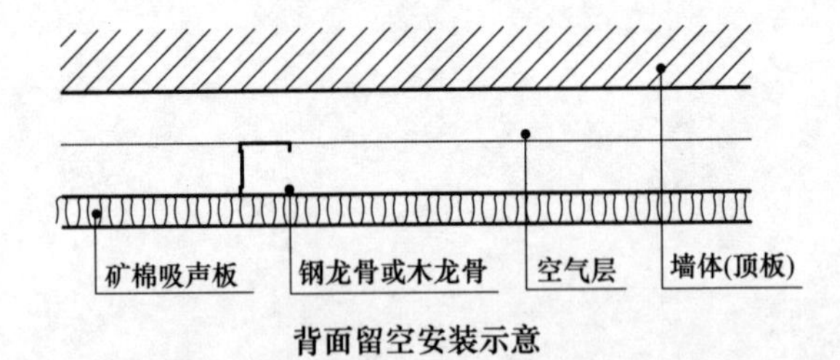

背面留空安装示意

注：本页图提供了吸声墙面、顶棚的构造和技术数据，安装构造见国标图集 05J909 中。

矿棉装饰吸声板吸声系数表

材料名称	厚度 (mm)	后空 (mm)	频率（Hz）125	250	500	1000	2000	4000	NRC
矿棉装饰吸声板	12	—	0.09	0.14	0.58	0.76	0.76	0.79	0.35
	12	50	0.47	0.69	0.59	0.59	0.71	0.79	0.65
	12	100	0.80	0.51	0.56	0.55	0.75	0.86	0.60
	12	150	0.98	0.52	0.45	0.54	0.71	0.80	0.55
	12	200	1.16	0.51	0.52	0.61	0.72	0.84	0.60
	13	—	0.06	0.19	0.44	0.84	0.95	0.90	0.60
	13	50	0.32	0.72	0.88	0.79	0.91	0.91	0.85
	13	100	0.51	0.78	0.81	0.79	0.90	0.91	0.80
	13	150	0.74	0.73	0.74	0.68	0.90	0.90	0.75
	13	200	0.91	0.72	0.74	0.72	0.88	0.98	0.75

注：上表根据《建筑隔声与吸声构造》08J931 中的资料编制。

4.2 吸声穿孔面板+吸声棉吊顶

穿孔石膏板有贯通于石膏板正面和背面的圆柱形孔眼，在石膏板背面粘贴具有透气性的背覆材料和能吸收入射声能的吸声材料等组合而成。吸声机理是材料内部有大量微小连通的孔隙，声波沿着这些孔隙可以深入材料内部，与材料发生摩擦作用将声能转化为热能。多孔吸声材料的吸声特性是随着频率的增高吸声系数逐渐增大。

玻璃棉是一种多孔吸声材料，以吸收中、高频声能为主。

校对	周泽佳	
设计	尹继	
制图	贾恺	

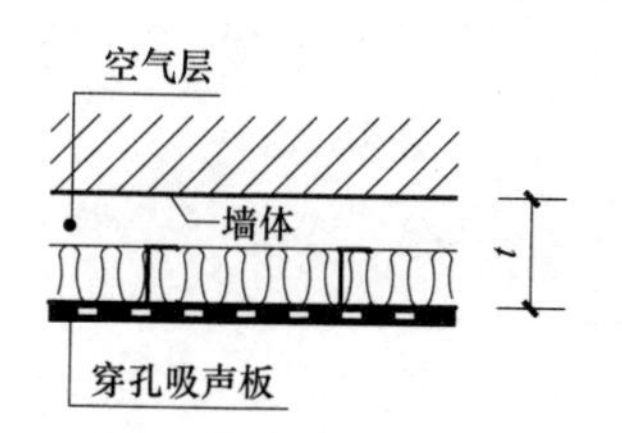

吸声墙面

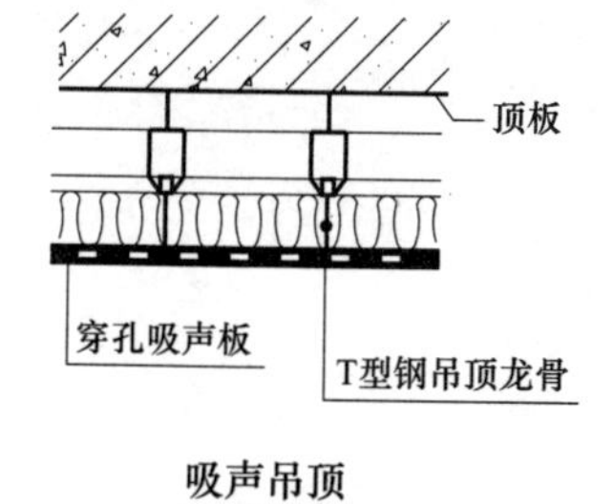

吸声吊顶

穿孔石膏板吸声板

规格（mm）	穿孔率（%）	开槽率（%）	后空（mm）	构造	频率（Hz）						NRC
					125	250	500	1000	2000	4000	
9.5厚石膏板	8		50	板后贴桑皮纸	0.17	0.48	0.92	0.75	0.31	0.13	0.60
	8		360	板后贴桑皮纸	0.58	0.91	0.75	0.64	0.52	0.46	0.70
9.5厚石膏板（开槽缝）		8	50	板后贴桑皮纸	0.14	0.35	0.78	0.52	0.30	0.28	0.50
		8	360	板后贴桑皮纸	0.48	0.76	0.48	0.34	0.33	0.27	0.50
12厚石膏板	8		50	板后贴无纺布	0.14	0.39	0.79	0.60	0.40	0.25	0.55
	8		360	板后贴无纺布	0.56	0.85	0.58	0.56	0.43	0.33	0.60
12.5厚石膏板（开方孔12×12）	23		387.5	板后贴吸声毡	0.66	0.95	0.85	0.95	0.78	0.72	0.90

穿孔铝板吸声板

规格	穿孔率（%）	孔径（mm）	板厚（mm）	后空（mm）	构造	频率（Hz）						NRC
						125	250	500	1000	2000	4000	
穿孔铝板吸声板	9	2.3	0.75	150	板后贴无纺布一层	0.30	0.40	0.70	0.68	0.74	0.58	0.65
	13.7	2.3	0.75	200	板后贴无纺布一层	0.30	0.63	0.79	0.49	0.67	0.69	0.55
	13.7	2.3	0.75	200	空腔内填50厚32K玻璃纤维棉	0.62	0.75	0.90	0.88	0.98	0.92	0.90
	16	2.3	0.75	200	板后贴无纺布一层	0.36	0.56	0.68	0.54	0.53	0.57	0.60
	16	2.3	0.75	155	板后贴无纺布一层	0.24	0.33	0.69	0.64	0.69	0.61	0.55

注：1. 上表来源于《建筑隔声与吸声构造》08J931。
2. 本页图提供了吸声墙面、顶棚的构造和技术数据，安装构造见05J909。

楼板隔声构造 吸声穿孔面板＋吸声棉吊顶	章节号	三
	页	7

四　外墙及内墙隔声构造做法

校对	张楠	张楠
设计	尹继	尹继
制图	贾恺	贾恺

四　外墙及内墙隔声构造做法目录

外墙及内墙隔声构造做法目录	章节号	四
	页	1

校对	张楠	张
设计	尹继	尹
制图	贾恺	贾

四 外墙及内墙隔声构造做法总说明

1 适用范围

适用于广州市新建、改建和扩建工程的绿色建筑设计。

2 设计内容

本章节共编制了外墙及内墙的隔声构造做法。

3 设计依据

《绿色建筑评价标准》GB/T 50378—2014

《广州市绿色建筑设计指南》(2015 版)

《声环境质量标准》GB 3096—2008

《民用建筑隔声设计规范》GB 50118—2010

《建筑隔声评价标准》GB/T 50121—2005

4 墙体的隔声构造说明

按墙体在房屋所处的位置可分为内墙和外墙。内墙是位于房屋内部的墙，主要起分隔室内使用空间的作用。外墙是位于房屋四周的墙，是房屋的外围护结构，起着挡风、阻雨、保温、隔热、隔声等围护室内房间不受侵袭的作用。

为保证建筑的室内有一个良好的声学环境，墙体必须具备一定的隔声能力，以避免噪声对室内环境的干扰。设计中可通过选用不同的材料，加大墙厚，在墙中设空气间层等措施提高墙体的隔声能力，使不同性质的建筑都能满足建筑隔声标准的要求。

5 验收、检验

隔声墙体施工完成后应按《声学 建筑和建筑构件隔声测量 第 4 部分：房间之间空气声隔声的现场测量》GB/T 19889.4—2005；《声学 建筑和建筑构件隔声测量 第 5 部分：外墙构件和外墙空气声隔声的现场测量》GB/T 19889.5—2006 等有关规定进行检验及验收。

6 本章节配套使用图集

《建筑隔声与吸声构造》08J931

《轻钢龙骨内隔墙》03J111-1

7 其他

计权隔声量（R_w）：建筑构件在实验室测量所确定的空气声隔声的单值评价量；

频谱修正量（C）（A 计权粉红噪声）：当声源为粉红噪声频率特性时，因空气声隔声频谱不同而对空气声隔声单值评价量的修正值。单位 dB；

频谱修正量（C_{tr}）（A 计权交通噪声）：当声源为交通噪声频率特性时，因空气声隔声频谱不同而对空气声隔声单值评价量的修正值。单位 dB；

降噪系数（NRC）：通过对中心频率在 200Hz～2500Hz 范围内的各 1/3 倍频带的吸声系数测量值进行计算，所得到的材料吸声特性单一值；

本章节未注明单位的尺寸均以毫米（mm）计；

本章节未尽事宜，应按国家现行有关规范、标准和有关技术法规文件以及企业标准严格执行；

本章节所依据的规范、标准如有新的版本时，应按新版本做相应的验算调整，使其不与新版本相悖。

1 外墙隔声构造

外墙的隔声性能

编号	构造简图	构造	墙厚 (mm)	面密度 (kg/m^3)	计权隔声量 R_w(dB)	频谱修正量		R_w+C	R_w+C_{tr}	附注
						C(dB)	C_{tr}(dB)			
外墙 1	120	钢筋混凝土	120	276	49	−2	−5	47	44	需增加抹灰层方可满足外墙隔声要求
外墙 2	150	钢筋混凝土	150	360	52	−1	−5	51	47	满足外墙隔声要求
外墙 3	200	钢筋混凝土	200	480	57	−2	−5	55	52	满足外墙隔声要求
外墙 4	20, 190, 20, 230	蒸压加气混凝土砌块 390×190×190 双面抹灰	230	284	49	−1	−3	48	46	满足外墙隔声要求

注：上表来源于《建筑隔声与吸声构造》08J931。

校对 张楠 张栒
设计 尹继 尹继
制图 贾恺 贾恺

2 内墙隔声构造

轻型墙体的隔声性能（一）

编号	构造简图	构造	墙厚（mm）	面密度（kg/m³）	计权隔声量 R_w(dB)	频谱修正量		R_w+C	R_w+C_{tr}	附注
						C(dB)	C_{tr}(dB)			
隔墙 1	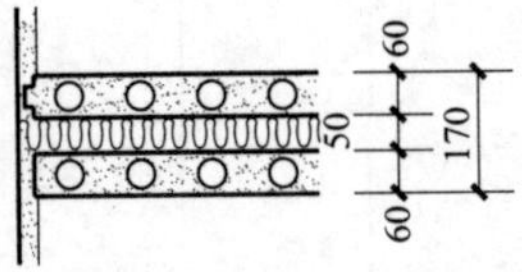 60 / 50 / 60 / 170	GRC 轻质多孔条板 60 厚 9 孔＋50 厚岩棉＋60 厚 9 孔	170	74	45	0	−2	45	43	满足住宅分户墙隔声要求
隔墙 2	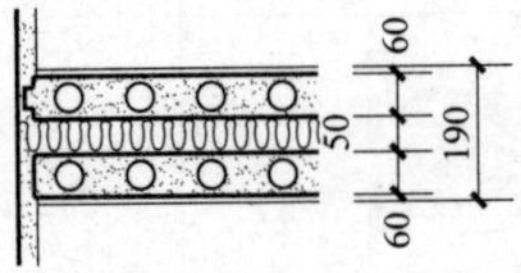 60 / 50 / 60 / 190	GRC 轻质多孔条板 60 厚 9 孔＋50 厚岩棉＋60 厚 9 孔双面抹灰	190	110	51	−2	−6	49	45	满足医院、办公、学校有较高安静要求房间的隔声要求
隔墙 3	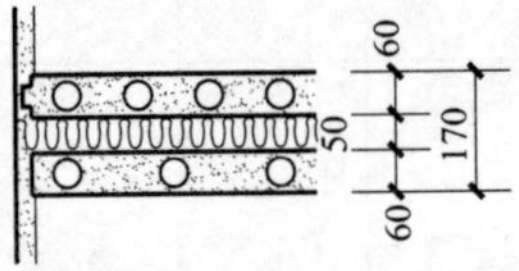 60 / 50 / 60 / 170	GRC 轻质多孔条板 60 厚 9 孔＋50 厚岩棉＋60 厚 7 孔	170	80	49	−1	−4	48	46	满足医院、办公、学校有较高安静要求房间的隔声要求
隔墙 4	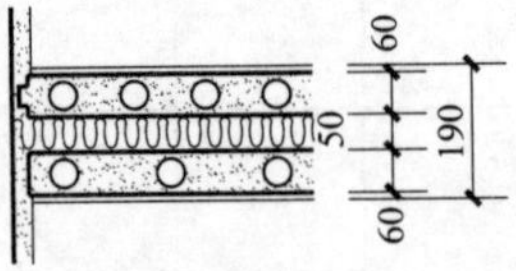 60 / 50 / 60 / 190	GRC 轻质多孔条板 60 厚 9 孔＋50 厚岩棉＋60 厚 7 孔双面抹灰	190	116	51	−1	−3	50	47	满足医院、办公、学校有较高安静要求房间的隔声要求
隔墙 5	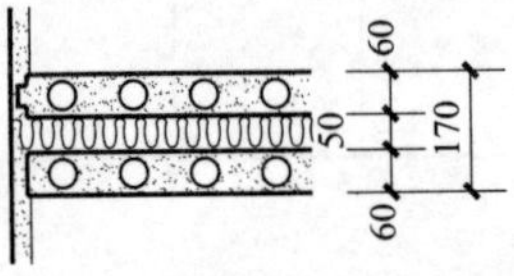 60 / 50 / 60 / 170	石膏珍珠岩轻质多孔条板 60 厚 9 孔＋50 厚岩棉＋60 厚 9 孔	170	120	49	−2	−6	47	43	满足住宅分户墙隔声要求（耐火极限 3.75h）

注：上表来源于《建筑隔声与吸声构造》08J931。

内墙隔声构造 轻型墙体的隔声性能（一）	章节号	四
	页	4

校对 张楠 设计 尹继 制图 贾恺

轻型墙体的隔声性能（二）

编号	构造简图	构造	墙厚 (mm)	面密度 (kg/m^3)	计权隔声量 R_w(dB)	频谱修正量		R_w+C	R_w+C_{tr}	附注
						C(dB)	C_{tr}(dB)			
隔墙 6	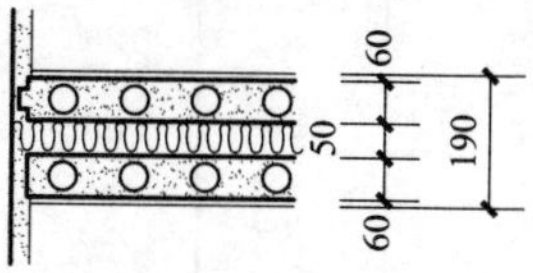 60 50 60 190	石膏珍珠岩轻质多孔条板 60 厚 9 孔＋50 厚岩棉＋60 厚 9 孔 双面抹灰	190	168	51	−1	−5	50	46	满足医院、办公、学校有较高安静要求房间的隔声要求（耐火极限 3.75h）
隔墙 7	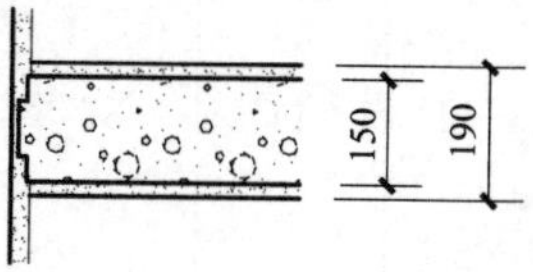 150 190	蒸压加气混凝土条板 150 厚 双面抹灰	190	108	48	−1	−4	47	44	满足住宅分户墙隔声要求（耐火极限 3.00h）
隔墙 8	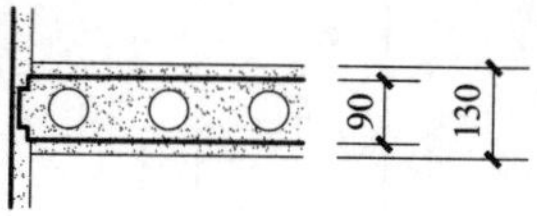 90 130	GRC 轻质多孔条板 90 厚 7 孔 双面抹灰	130	128	46	0	−2	46	44	满足住宅分户墙隔声要求（耐火极限 1.75h）
隔墙 9	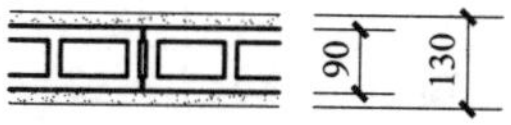 90 130	轻集料空心砌块 390×190×90 双面抹灰	130	234	45	−1	−2	44	43	满足住宅卧室分室墙隔声要求
隔墙 10	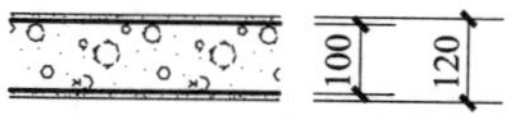 100 120	蒸压加气混凝土砌块 600×200×100 双面抹灰	120	125	43	−1	−3	42	40	满足住宅卧室分室墙隔声要求

注：上表来源于《建筑隔声与吸声构造》08J931。

内墙隔声构造 轻型墙体的隔声性能（二）	章节号	四
	页	5

校对 张楠 设计 尹继 制图 贾恺

石膏板墙的隔声性能（一）

编号	构造简图	构造	墙厚(mm)	计权隔声量 R_w(dB)	频谱修正量		R_w+C	R_w+C_{tr}	附注
					C(dB)	C_{tr}(dB)			
隔墙 11	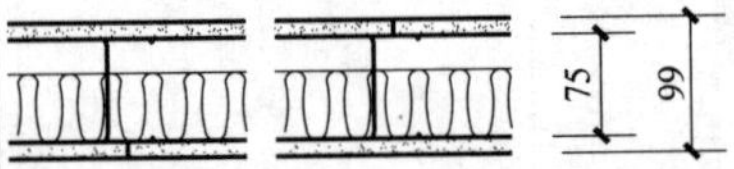	75 系列轻钢龙骨双面单层 12 厚标准纸面石膏板墙内填 50 厚玻璃棉	99	45	−4	−11	41	34	耐火极限 0.9h
隔墙 12	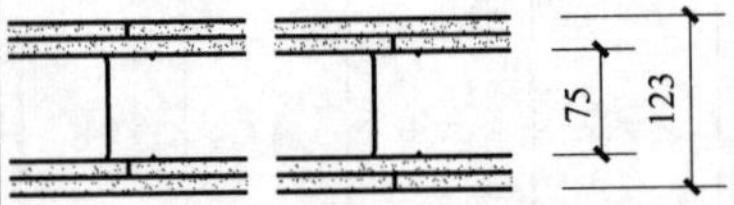	75 系列轻钢龙骨双面双层 12 厚标准纸面石膏板	123	48	−4	−11	44	37	耐火极限 1h
隔墙 13	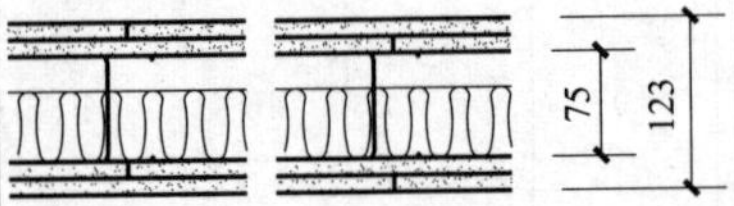	75 系列轻钢龙骨双面双层 12 厚防火纸面石膏板墙内填 50 厚玻璃棉	123	51	−4	−11	47	40	耐火极限 2h
隔墙 14	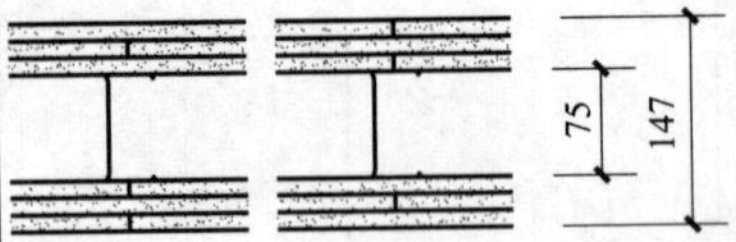	75 系列轻钢龙骨双面三层 12 厚标准纸面石膏板	147	52	−4	−10	48	42	—
隔墙 15	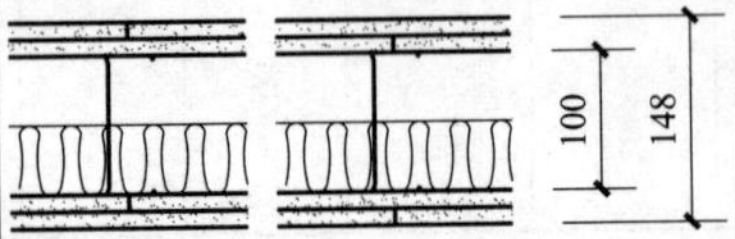	100 系列轻钢龙骨双面双层 12 厚标准纸面石膏板墙内填 50 厚玻璃棉	148	53	−6	−12	47	41	—

注：上表来源于《建筑隔声与吸声构造》08J931。

内墙隔声构造 石膏板墙的隔声性能（一）	章节号	四
	页	6

校对 张楠 张阔 设计 尹继 尹继 制图 贾恺 贾恺

石膏板墙的隔声性能（二）

编号	构造简图	构造	墙厚(mm)	计权隔声量 R_w(dB)	频谱修正量 C(dB)	频谱修正量 C_{tr}(dB)	R_w+C	R_w+C_{tr}	附注
隔墙16	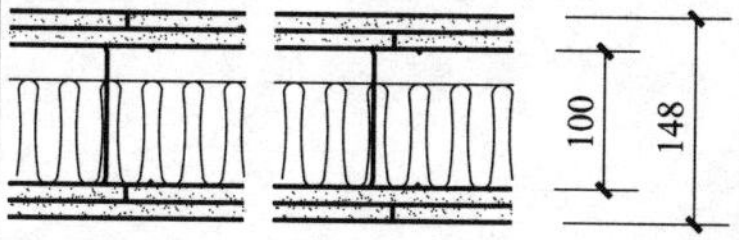 100 148	100系列轻钢龙骨 双面双层12厚防火 纸面石膏板 墙内填75厚玻璃棉	148	52	−3	−8	49	44	—
隔墙17	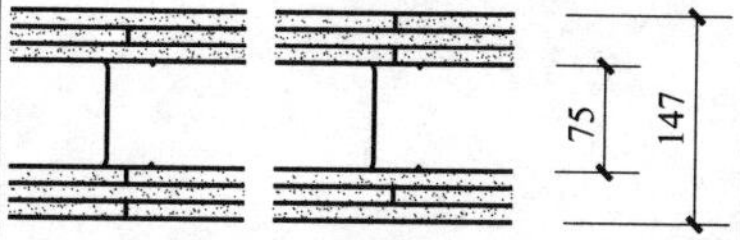 75 147	75系列轻钢龙骨 双面三层12厚防火 纸面石膏板	147	54	−4	−10	50	44	—
隔墙18	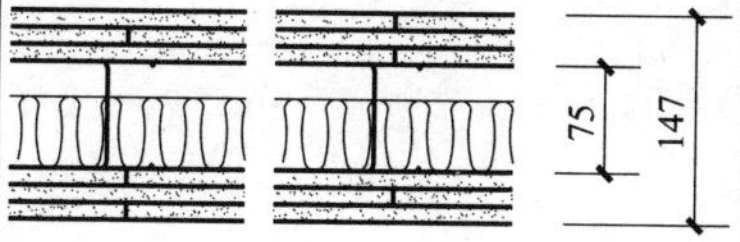 75 147	75系列轻钢龙骨 双面三层12厚标准 纸面石膏板 墙内填50厚玻璃棉	147	56	−2	−8	54	48	—
隔墙19	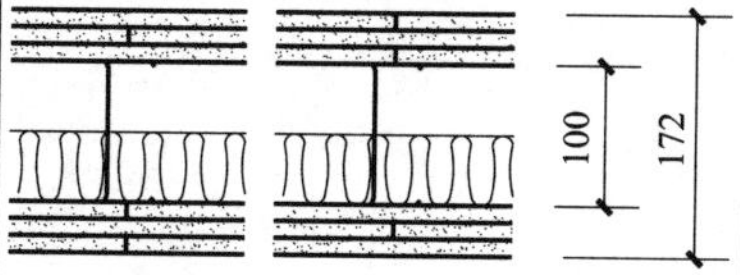 100 172	100系列轻钢龙骨 双面三层12厚标准 纸面石膏板 墙内填50厚玻璃棉	172	57	−3	−9	54	48	—
隔墙20	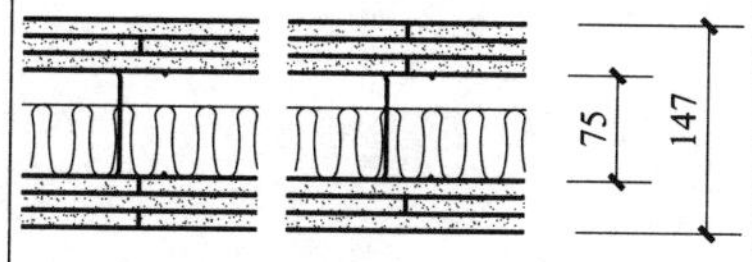 75 147	75系列轻钢龙骨 双面三层12厚防 火纸面石膏板 墙内填50厚玻璃棉	147	59	−3	−9	56	50	—

注：上表来源于《建筑隔声与吸声构造》08J931。

内墙隔声构造 石膏板墙的隔声性能(二)	章节号	四
	页	7

五　种植屋面和垂直绿化构造做法

校对	吴奕武	吴奕武
设计	徐梦苑	徐梦苑
制图	徐梦苑	徐梦苑

五 种植屋面和垂直绿化构造做法目录

种植屋面和垂直绿化构造做法目录	章节号	五
	页	1

校对	吴奕武	(签名)
设计	徐梦苑	(签名)
制图	罗佳文	(签名)

五 种植屋面和垂直绿化总说明

1 适用范围

1.1 本图集适用于新建、改造、扩建的民用及工业建筑的屋面绿化工程和垂直绿化工程。

1.2 本图集适用于坡度为2%～10%的钢筋混凝土平屋面、坡度为10%～50%的钢筋混凝土坡屋面、既有建筑屋面的改造种植屋面以及一些建筑垂直绿化工程。

2 设计内容

本章节共编制六类不同绿化构造形式，包括种植平屋面构造、种植坡屋面构造、既有建筑屋面种植改造、容器种植屋面构造、佛甲草种植屋面构造、垂直绿化种植构造。

3 设计依据

《屋面工程技术规范》GB 50345—2012
《种植屋面工程技术规程》JGJ 155—2013
《坡屋面工程技术规范》GB 50693—2011
《单层防水卷材屋面工程技术规程》JGJ/T 316—2013
《地下工程防水技术规范》GB 50108—2008
《种植屋面用耐根穿刺防水卷材》JC/T 1075—2008
《民用建筑设计通则》GB 50352—2005
《建筑结构荷载规范》GB 50009—2012
《建筑设计防火规范》GB 50016－2014
《建筑物防雷设计规范》GB 50057－2010
《城市垂直绿化技术规范》DBJ/T 13-124—2010

4 种植屋面系统组成

4.1 种植系统：种植屋面由上到下的基本构造层依次为：植被层、种植土、过滤层、排（蓄）水层、保护层、隔离层、耐根穿刺防水层、层面基本构造层（包括普通防水层、找平层、找坡层、保温隔热层等）。根据广州地区节能计算，当种植土厚度≥600mm时，可不设置保温隔热层。实际工程可根据气候特点、屋面形式、植物种类，增减屋面构造层次。

4.2 灌溉系统：根据工程具体要求设置灌溉系统。大面积种植宜采用固定式自动微喷、滴灌、渗灌等节水技术，并宜设计雨水回收利用系统；小面积种植可设取水点进行人工灌溉。

4.3 避雷系统：结合建筑屋面进行避雷设计。避雷装置设计应符合现行国家标准《建筑物防雷设计规范》GB 50057的规定。

4.4 电气及照明系统：种植屋面宜根据景观和使用要求选择照明电气和设施；花园式种植屋面宜设置照明系统；景观灯宜优先选用太阳能灯具，并配置电路，电缆线等设施应符合相关安全标准要求。

4.5 防风系统：种植屋面植物应根据不同地区的气候因素，采取抗风揭措施。屋面设有花架、园亭等休闲设施时，应采取防风固定措施。

种植屋面和垂直绿化总说明（一）	章节号	五
	页	2

4.6 安全系统：种植屋面应按上人屋面要求设置安全防护栏杆，并有防止屋面物体坠落的措施。栏杆高度应符合《民用建筑设计通则》GB 50352 有关规定。

5 工程做法

5.1 防水层

5.1.1 规范强制性条文：种植屋面防水层应满足一级防水等级设防要求，且必须至少设置一道具有耐根穿刺性能的防水材料。

5.1.2 普通防水层材料应符合相应使用部位的国家现行有关标准和设计要求。

5.1.3 耐根穿刺防水层材料应通过耐根穿刺性能试验，试验方法应符合现行行业标准《种植屋面用耐根穿刺防水卷材》JC/T 1075 的规定，并由具有资质的检测机构出具合格检验报告方可使用。

5.1.4 用于种植屋面使用的单层防水卷材应具有耐根穿刺性能并符合《单层防水卷材屋面工程技术规程》JGJ/T 316—2013 的有关规定。

5.1.5 檐沟、天沟与屋面交接处、屋面与立墙交接处，以及水落口、伸出屋面管道根部等部位，应设置卷材或涂膜附加层，附加层材料应与屋面防水层的材料相同或相容。附加层在转角每边的宽度在屋面均不应小于 250mm，且应高于种植土 100mm，附加层最小厚度见表 1。

5.1.6 种植屋面耐根穿刺防水层做法见表 2。

5.2 排（蓄）水层

5.2.1 常用排（蓄）水层的材料有成品排（蓄）水板、级配碎石、卵石、陶粒等。排（蓄）水层应具备通气、排水、储水、抗压强度大、耐久性好的性质，排（蓄）水层做法及主要技术要求见表 3。

5.2.2 排（蓄）水层上应设过滤层，过滤层材料宜选用单位面积质量为 150g/m^2～200g/m^2 的聚酯无纺布。

5.3 保护层

5.3.1 耐根穿刺防水层上应设置保护层，保护层做法见表 4。

5.3.2 采用水泥砂浆和细石混凝土做保护层时，保护层下应铺设隔离层，隔离层做法见表 5。

表 1 防水附加层最小厚度

附加层材料	最小厚度（mm）
合成高分子防水卷材	1.2
高聚物改性沥青防水卷材（聚酯胎）	3.0
合成高分子防水涂料、聚合物水泥防水涂料	1.5
高聚物改性沥青防水涂料	2.0

注：本表摘自《屋面工程技术规范》GB 50345—2012。

校对 吴奕武

设计 徐梦苑

制图 罗佳文

表 2　种植屋面常用耐根穿刺复合防水层选用表

编号	普通防水卷材、防水涂料防水层
F1	4.0 厚改性沥青防水卷材
F2	3.0 厚自粘型聚合物改性沥青防水卷材
F3	1.5 厚三元乙丙橡胶防水卷材
F4	1.5 厚聚氯乙烯（PVC）防水卷材
F5	1.5 厚热塑性聚烯烃（TPO）防水卷材
F6	聚乙烯丙纶复合防水卷材：0.7 厚聚乙烯丙纶卷材＋1.3 厚聚合物水泥胶结料
F7	2.0 厚聚氨酯防水涂料
F8	2.0 厚Ⅱ型聚合物水泥防水涂料
F9	2.0 厚聚脲防水涂料
F10	2.0 厚喷涂速凝橡胶沥青防水涂料
F11	3.0 厚高聚物改性沥青防水涂料
F12	30 厚Ⅲ型硬质发泡聚氨酯防水保温一体化

编号	耐根穿刺防水层	相容的普通防水层
N1	4.0 厚弹性体（SBS）改性沥青防水卷材（含化学阻根剂）	F1、F2、F11
N2	4.0 厚弹体性（APP）改性沥青防水卷材（含化学阻根剂）	
N3	1.2 厚聚氯乙烯（PVC）防水卷材	F4、F6、F8、F12
N4	1.2 厚热塑性聚烯烃（TPO）防水卷材	F3、F5、F6
N5	1.2 厚三元乙丙橡胶防水卷材	F8、F9、F12
N6	2.0 厚喷涂聚脲防水涂料	F5、F6、F8、F9、F12
N7	4.0 厚自粘型聚物改性沥青防水卷材	F1、F2、F8、F9、F12
N8	聚乙烯丙纶复合防水卷材：0.7 厚聚乙烯丙纶卷材＋1.3 厚聚合物水泥胶结料（聚乙烯丙纶防水卷材和聚合物水泥胶结料复合耐根穿刺防水材料应采用双层卷材复合作为一道耐根穿刺防水层）	F6、F8、F9、F10、F12

注：1. 一级防水等级耐根穿刺复合防水层应选用一道耐根穿刺防水层及一道普通防水层，且耐根穿刺防水层设于普通防水层之上。如：N1＋F1。

2. 本表给出的普通防水材料与耐根穿刺防水材料为两者材质相容性的防水层做法，可直接复合使用。如两者不相容者，可在两者之间设置一道 30 厚水泥砂浆隔离层或其他有效隔离措施。

3. 当耐根穿刺复合防水层选用防水涂料与防水卷材复合使用时，需掌握好各层施工顺序与时间间隔。涂膜前应仔细清理基层，保证其表面坚固、密实、平整和干燥；涂膜后干固以不黏为准，间隔 6h 以上应进行表面处理。防水卷材的铺贴及卷材防水层特殊部位的细部做法，必须符合设计要求和施工及验收规范的规定。因防水涂料和卷材品种较多，可以按照实际工程情况进行施工。

校对	吴奕武	吴奕武
设计	徐梦苑	徐梦苑
制图	罗佳文	罗佳文

表 3　排（蓄）水层做法选用表

编号	材料选用	技术指标	
P1	凹凸型排（蓄）水板	压缩率为 20%时最大强度	≥150kPa
		纵向通水量(侧压力 150kPa)	≥10cm³/s
P2	网状交织型排水板	抗压强度	≥50kN/m²
		表面开孔率	≥95%
		通水量	≥380cm³/s
P3	级配碎石	粒径宜 10mm～25mm,铺设厚度≥100mm	
P4	卵石	粒径宜 25mm～40mm,铺设厚度≥100mm	
P5	陶粒	粒径宜 10mm～25mm,铺设厚度≥100mm	

注：本表摘自《种植屋面建筑构造》14J206。

表 4　保护层做法选用表

编号	材料选用	适用范围
B1	≥300g/m² 土工布	坡度在 2%～10%种植平屋面的简单式种植、容器式种植；坡度在 10%～20%的种植坡屋面
B2	芯材厚度≥0.4mm 聚乙烯丙纶复合防水卷材	
B3	厚度≥0.4mm 高密度聚乙烯土工膜	
B4*	1∶3 水泥砂浆，厚度为 15mm～20mm	
B5*	40 厚细石混凝土	坡度在 2%～10%种植平屋面的花园式种植；坡度在 20%～50%的种植坡屋面

注：1. 带＊的保护层做法下面应铺设隔离层；
　　2. 本表摘自《种植屋面建筑构造》14J206。

表 5　隔离层做法选用表

编号	材料选用	适用范围
G1	0.4 聚乙烯膜	水泥砂浆保护层
G2	3 厚发泡聚乙烯膜	
G3	200g/m² 聚酯无纺布	
G4	石油沥青卷材一层	
G5	10 厚黏土砂浆,石灰膏∶砂∶黏土＝1∶2.4∶3.6	细石混凝土保护层
G6	10 厚石灰砂浆,石灰膏∶砂＝1∶4	
G7	5 厚掺有纤维的石灰砂浆	

注：本表摘自《种植屋面建筑构造》14J206。

种植屋面和垂直绿化总说明（四）	章节号	五
	页	5

校对	吴奕武	设计	徐梦苑	制图	罗佳文

6 种植设计

6.1 植被层

6.1.1 种植设计应以因地制宜为原则，确定种植形式、种植土类型及厚度和植被种类。广州地区屋面种植种类详见本图集附录七。

6.1.2 根据当地气候条件，植被层宜选择适宜的耐旱、耐瘠薄、耐修剪、耐高温和滞尘能力强的植物品种，宜选用根系穿刺性弱的植物，不宜选用速生乔木、灌木和根状茎发达的植物。

6.1.3 屋面种植乔灌木高于2m，应采取固定措施。

6.2 种植土

6.2.1 常用种植土类型及性能见表6。

表6 常用种植土类型及性能

种植土类型＼项目	饱和重度（kg/m³）	有机质含量（%）	总孔隙率（%）	有效水分（%）	排水速率（%）
田园土	1500～1800	≥5	45～50	20～25	≥42
改良土	750～1300	20～30	65～70	30～35	≥58
无机种植土	450～650	≤2	80～90	40～45	≥200

注：本表摘自《种植屋面建筑构造》14J206。

6.2.2 种植土类型选用见表7。

表7 常用种植土类型及性能

种植类型＼种植土种类	改良土	无机种植土	田园土
简单式种植	△	○	—
花园式种植	○	△	○
坡屋面种植	△	○	—
容器式种植	△	○	—

注：△为推荐使用，○为可用，—为不宜用。

7 构造要求

7.1 种植屋面构造做法可采用正置式或倒置式。在工程实践中，具体选择哪种形式屋面最为合适应根据工程实际情况而定。倒置式种植屋面要求保温层必须是“憎水性”保温材料，如挤压聚苯乙烯板。本图集参考做法为正置式种植屋面，施工时应注意完成各层次相应工序，特别是各层次间存在结合面、同一层次施工接缝部位等可能出现质量隐患的地方，以防止出现渗漏水等问题。

7.2 种植屋面工程设计应符合有关建筑防火设计规范的规定，大型种植屋面应设置消防设施。

7.3 水电管线等宜铺设在防水层之上。

7.4 排水应根据屋面排水系统设计，平屋面最小坡度为2%，坡长大于9m时，应结构找坡3%。

7.5 既有屋面进行种植改造前，必须检测鉴定房屋结构安全性，应以结构鉴定报告作为设计依据，确定种植形式。宜选用轻质种植土、种植地被植物、容器种植。原有防水层仍具有防水能力时，应在其上增加一道耐根穿刺防水层；原有防水层已无防水能力时，应拆除，并按《种植屋面工程技术规程》JGJ 155 的要求重做防水层。既有屋面做屋顶绿化应在原构造层上做保护层。

7.6 种植屋面的女儿墙、周边泛水、屋面檐口等部位应设置缓冲带，其宽度不应小于 300mm。

7.7 水落口位于绿地内时，水落口上方应设置雨水观察井，并应在周边设置不小于 300mm 的卵石缓冲带。

7.8 屋面防水层的泛水高度应高出种植土 250mm。

7.9 竖向穿过屋面的管道，应在结构层内预埋套管，套管应高出种植土 250mm。

7.10 种植坡屋面檐口应设种植土挡墙，挡墙应埋设排水管（孔）。

7.11 变形缝上不应种植，变形缝墙应高于种植土。

7.12 无纺布过滤层空铺于排（蓄）水层之上，搭接宜采用粘合或缝合固定，搭接宽度不应小于 150mm。边缘沿种植挡墙上翻时应与种植土高度一致。

8 本章节配合使用图集

《平屋面建筑构造》03J201-2

《坡屋面建筑构造（一）》09J202-1

《种植屋面建筑构造》14J206

《佛甲草种植隔热屋面建筑构造》粤 08J/216

《SGK 种植模块绿化隔热屋面建筑构造》粤 09J/T217

9 其他

本章所注尺寸均以毫米（mm）为单位；

防水层索引方法：防水层索引见本说明第 5.3 条表 2。表 2 为耐根穿刺复合防水层选用表，举例如：N1＋F1；

本章未尽事宜，按国家相关规范执行。

校对	吴奕武	吴奕武
设计	徐梦苑	徐梦苑
制图	罗佳文	罗佳文

1 种植平屋面说明

1.1 概述

1.1.1 本章节中种植平屋面是指屋面坡度在2%～10%的钢筋混凝土屋面进行覆土种植的屋面。

1.1.2 种植平屋面根据屋面种植要求，可选择简单式种植和花园式种植。

1.2 设计分类

1.2.1 简单式种植覆土厚度多为100mm～300mm，以种植地被、小灌木为主。耐根穿刺防水层以上的荷载应不小于$1kN/m^2$。

1.2.2 花园式种植覆土厚度多为300mm～600mm，可种植灌木、小乔木。耐根穿刺防水层以上的荷载应不小于$3kN/m^2$。

1.2.3 当种植大乔木时，覆土厚度不宜小于1200mm。乔木应置于结构承重构件的位置。

1.3 技术要求

1.3.1 种植屋面可采用微地形或采用种植池的形式增加种植土厚度，实现种植多样化。当采用种植池种植高大植物时，种植池应符合下列规定：

(1) 池内应设置耐根穿刺防水层、排（蓄）水层和过滤层。

(2) 池壁应设置排水口，并应设计有组织排水。

(3) 根据植物高度在池内设置固定植物用的预埋件。

1.3.2 树木定植点与墙边的安全距离应大于树高。

1.3.3 种植乔灌木高于2m时应采取固定措施，并且树木应固定牢固，绑扎处应加软质衬垫。

1.3.4 高度大于40m的建筑物不宜种植高于建筑物女儿墙的植物。

1.3.5 高于屋面避雷网的建筑物、构筑物（如种植屋面中的亭、花架等）应按规范要求设置避雷设施并与屋面避雷系统连接。

1.3.6 屋面安装有太阳能集电或集热设施时，不应被种植植物遮挡。

1.4 种植要求

1.4.1 草坪块自带土层厚度宜为30mm。草坪卷自带土层厚度宜为18mm～25mm。

1.4.2 屋面不宜种植高大乔木、速生乔木。

1.4.3 屋面不宜种植根系发达的植物和根状茎植物。

编号	简图	构造层次	附注
001	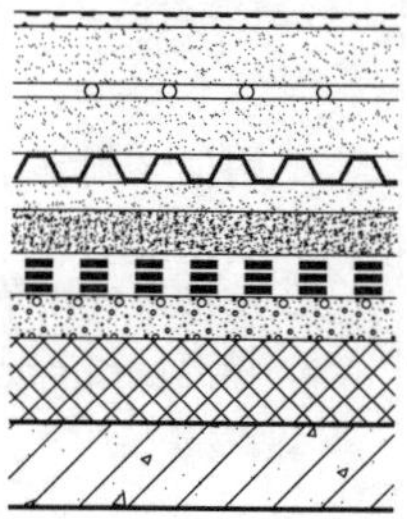	1. 植被层 2. 草毯厚度按工程设计 3. 保湿过滤层 4. 凹凸型排（蓄）水板或网状交织排（蓄）水层 5. 水泥砂浆保护层 6. 隔离层 7. 耐根穿刺复合防水层 8. 水泥砂浆找平层 9. 最薄 30 厚 LC5.0 轻集料混凝土 2%找坡层 10. 保温（隔热）层 11. 钢筋混凝土屋面板	1. 草毯种植是利用草籽和营养土的草毯覆盖子屋面上形成生态植被的一种种植方式 2. 网状交织排（蓄）水板表面的孔率不小于 95% 3. 耐根穿刺复合防水层材料选用见总说明表 2 4. 隔离层材料选用见总说明表 5
002	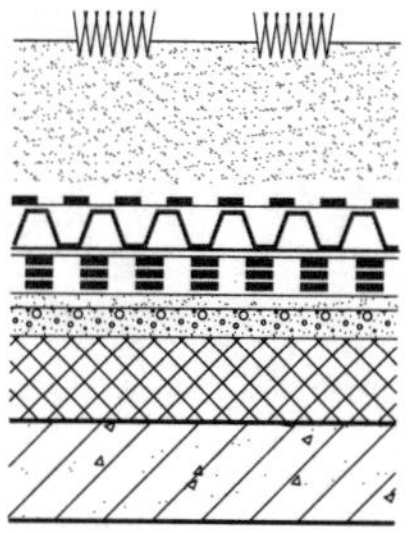	1. 植被层 2. 100～300 厚种植土 3. 150g/m^2～200g/m^2 无纺布过滤层 4. 凹凸型排（蓄）水板 5. 土工布或聚酯无纺布保护层，单位面积质量≥300g/m^2 6. 耐根穿刺复合防水层 7. 水泥砂浆找平层 8. 最薄 30 厚 LC5.0 轻集料混凝土 2%找坡层 9. 保温（隔热）层 10. 钢筋混凝土屋面板	1. 耐根穿刺复合防水层材料选用见总说明表 2 2. 植被层选用草坪、地坡、小灌木

校对	吴奕武	吴奕武
设计	徐梦苑	徐梦苑
制图	罗佳文	罗佳文

简单式种植平屋面构造（一）	章节号	五
	页	9

编号	简图	构造层次	附注
003	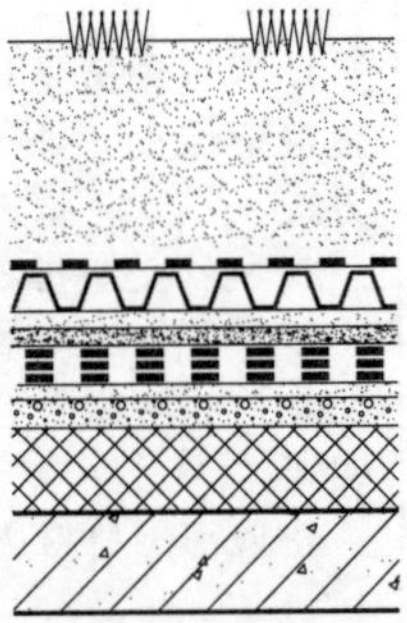	1. 植被层 2. 100～300厚种植土 3. 土工布过滤层 4. 凹凸型排（蓄）水板或网状交织排（蓄）水层 5. 水泥砂浆保护层 6. 隔离层 7. 耐根穿刺复合防水层 8. 水泥砂浆找平层 9. 最薄30厚LC5.0轻集料混凝土2%找坡层 10. 保温（隔热）层 11. 钢筋混凝土屋面板	1. 耐根穿刺复合防水层材料选用总说明表2 2. 植被层选用草坪、地被、小灌木 3. 隔离层材料选用见总说明表5

校对 吴奕武 设计 徐梦苑 制图 罗佳文

简单式种植平屋面构造（二）	章节号	五
	页	10

编号	简图	构造层次	附注
004		1. 植被层 2. 300～600 厚种植土 3. ≥200g/m² 无纺布过滤层 4. 网状交织排水板 5. 100 厚级配碎石或卵石或陶粒 6. 细石混凝土保护层 7. 隔离层 8. 耐根穿刺复合防水层 9. 水泥砂浆找平层 10. 最薄 30 厚 LC5.0 轻集料混凝土 2%找坡层 11. 保温（隔热）层 12. 钢筋混凝土屋面板	1. 耐根穿刺复合防水层材料选用见总说明表 2 2. 隔离层材料选用见总说明表 5 3. 植被层可选用草坪、地被、小灌木、大灌木、小乔木；当种植大乔木时，应有局部加高种植土高度的措施 4. 保温（隔热）层可根据节能需要配置，当种植土厚度达到≥600mm 时，可不设置保温隔热层
005		1. 植被层 2. 300～600 厚种植土 3. ≥100g/m² 无纺布过滤层 4. ≥25 高凹凸型排（蓄）水板或网状交织排水板 5. 细石混凝土保护层 6. 隔离层 7. 耐根穿刺复合防水层 8. 水泥砂浆找平层 9. 最薄 30 厚 LC5.0 轻集料混凝土 2%找坡层 10. 保温（隔热）层 11. 钢筋混凝土屋面板	1. 耐根穿刺复合防水层材料选用见总说明表 2 2. 隔离层材料选用见总说明表 5 3. 植被层可选用草坪、地被、小灌木、大灌木、小乔木；当种植大乔木时，应有局部加高种植土高度的措施 4. 保温（隔热）层可根据节能需要配置，当种植土厚度≥600mm 时，可不设置保温隔热层

校对 吴奕武　设计 徐梦苑　制图 罗佳文

花园式种植平屋面构造	章节号	五
	页	11

校对	吴奕武	设计	徐梦苑	制图	罗佳文

2 种植坡屋面说明

2.1 概述

2.1.1 种植坡屋面适用于坡度为10%～50%的钢筋混凝土结构坡屋面。

2.1.2 植被以草坪、地被植物为主，种植土宜选用厚度为100mm～300mm的改良土或无机复合种植土。

2.2 技术要求

2.2.1 当屋面坡度大于等于20%时，保温（隔热）层、防水层、保护层、排（蓄）水层、种植土层等应采取防滑措施。保温（隔热）层、防水层防滑措施可采用机械固定和满粘的方式，排（蓄）水层、种植土层等宜采用防滑系统，保护层应与屋面结构有可靠连接。

2.2.2 当屋面坡度大于等于20%的种植屋面满覆盖种植时，防滑系统可分为挡土板、防滑格及挡墙等防滑措施。当设置防滑挡墙时，防水层应满包挡墙，挡墙应设置排水通道。挡土板里边应有排水孔。

2.2.3 阶梯式种植面设置挡墙时，防水层应满包挡墙。台地式种植屋面应采用现浇钢筋混凝土结构，并应设置排水沟。

2.2.4 种植坡屋面保护层技术要求见表8。

2.2.5 种植坡屋面沿檐口、山墙部位应设置安全防护栏杆，防护栏杆按工程设计。

2.2.6 檐口构造应符合下列规定：檐口顶部应设种植挡墙；挡墙应埋设排水管（孔），挡墙应铺设防水层，并与檐沟防水层连成一体。

2.2.7 屋面坡度大于20%时，工人植被维护保养中应采取人员保护和防滑措施。

表8 种植坡屋面防滑措施与保护层技术要求

技术要求 \ 屋面坡度（i）	$10\% \leqslant i < 20\%$	$20\% \leqslant i < 30\%$	$30\% \leqslant i \leqslant 50\%$
挡土板、挡土墙间距	可不采用	≤1500mm	≤1200mm
保护层材料	≥300g/m² 土工布	40厚细石混凝土（保护层与耐根穿刺防水层间应铺设隔离层，隔离层做法见总说明表5）	
	芯材厚度≥0.4mm聚乙烯丙纶复合防水卷材		
	厚度≥0.4mm高密度聚乙烯土工膜		
	水泥砂浆，厚度为15mm～20mm		

注：本表摘自《种植屋面建筑构造》14J206。

种植坡屋面说明	章节号	五
	页	12

编号	简图	构造层次	附注
001	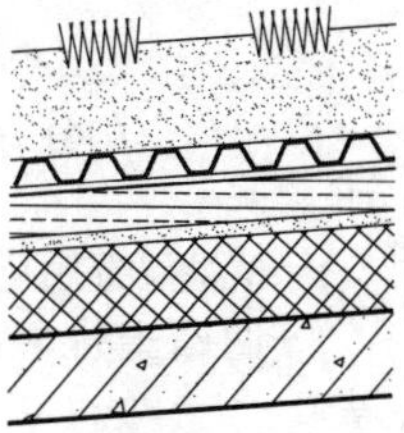 屋面坡度10%～20%	1. 植被层 2. 100～300厚种植土 3. $150g/m^2$～$200g/m^2$无纺布过滤层 4. 凹凸型排（蓄）水板 5. $300g/m^2$土工布保护层 6. 耐根穿刺复合防水层 7. 水泥砂浆找平层 8. 保温（隔热）层 9. 钢筋混凝土屋面板	1. 耐根穿刺复合防水层材料选用见总说明表2 2. 植被层选用草坪、地被植物 3. 凹凸型排（蓄）水板选用见总说明表3
002	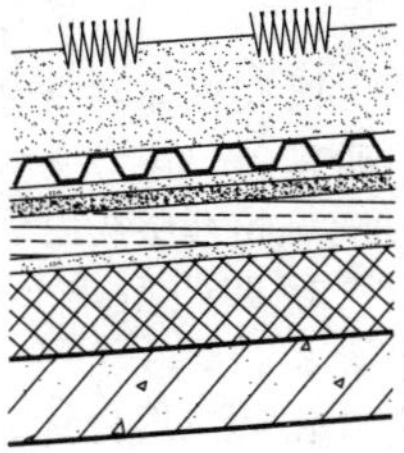 屋面坡度10%～20%	1. 植被层 2. 100～300厚种植土 3. $150g/m^2$～$200g/m^2$无纺布过滤层 4. 凹凸型排（蓄）水板 5. 水泥砂浆保护层 6. 隔离层 7. 耐根穿刺复合防水层 8. 水泥砂浆找平层 9. 保温（隔热）层 10. 钢筋混凝土屋面板	1. 耐根穿刺复合防水层材料选用见总说明表2 2. 植被层选用草坪、地被植物； 3. 凹凸型排（蓄）水板选用见总说明表3 4，隔离层材料选用见总说明表5

校对	吴奕武		设计	徐梦苑		制图	罗佳文	

10%～20%的种植坡屋面构造	章节号	五
	页	13

编号	简图	构造层次	附注
003	屋面坡度20% ～ 50%	1. 植被层 2. 100～300 厚种植土 3. 150g/m^2～200g/m^2 无纺布过滤层 4. 凹凸型排（蓄）水板 5. 与防水层相同材质的挡土板可焊接 6. 耐根穿刺复合防水层 7. 水泥砂浆找平层 8. 保温（隔热）层 9. 钢筋混凝土屋面板	1. 耐根穿刺复合防水层材料选用见总说明表 2 2. 植被层选用草坪、地被植物 3. 凹凸型排（蓄）水板选用见总说明表 3
004	屋面坡度20% ～ 50%	1. 植被层 2. 100～300 厚种植土 3. 150g/m^2～200g/m^3 无纺布过滤层 4. 凹凸型排（蓄）水板 5. 挡土板用 ϕ16 镀锌钢丝与拉结带绑扎固定 6. 40 厚细石钢筋混凝土保护层 7. 隔离层 8. 耐根穿刺复合防水层 9. 水泥砂浆找平层 10. 保温（隔热）层 11. 钢筋混凝土屋面板	1. 耐根穿刺复合防水层材料选用见总说明表 2 2. 植被层选用草坪，地被植物 3. 凹凸型排（蓄）水板选用见总说明表 3 4. 隔离层材料选用见总说明表 5

校对 吴奕武 设计 徐梦苑 制图 罗佳文

20%～50%的种植坡屋面构造	章节号	五
	页	14

校对	吴奕武	吴奕武
设计	徐梦苑	徐梦苑
制图	胡惠芳	胡惠芳

3 既有建筑屋面种植改造说明

3.1 概述

3.1.1 既有建筑屋面种植改造应优先选用简单式种植和容器种植，植被宜以地被植物为主。

3.1.2 既有建筑屋面种植改造建筑构造可参考本章中种植平屋面、种植坡屋面及容器式种植屋面有关建筑构造。

3.2 结构设计

既有建筑屋面改造为种植屋面前，应先对原建筑结构进行鉴定，核算原结构承载能力。对不满足承载要求的既有建筑屋面、应先进行加固处理后方可进行种植改造。

3.3 技术要求

3.3.1 既有建筑种植屋面改造前应对防水层进行评估和鉴定，以确定是否满足改造要求。

3.3.2 原有防水层仍具有防水能力时，可在其上增加一道耐根穿刺防水层，新旧两道防水层应相容。

3.3.3 既有建筑屋面防水层丧失防水能力时，应清除原防水层，并按种植屋面防水要求铺设防水层。

3.3.4 既有建筑屋面保温功能不满足节能设计要求时，可视具体情况清理原有屋面基层后，按节能计算增设保温层。保温层若铺设在原有防水层上，应先铺设水泥砂浆隔离层。屋面防水层满足种植屋面有关技术要求。

3.3.5 既有建筑屋面改造为种植屋面时，应满足种植屋面有关的安全技术要求。

3.3.6 当既有建筑屋面为坡屋面种植改造时，各种构造层应有防滑、防坠落措施。

3.3.7 既有建筑屋面改造应同时考虑屋面防雷系统。

编号	简图	构造层次	附注
001	此层以上为改造做法 防水层有效，保温层不满足节能设计要求 简单式种植	1. 植被层 2. 100～300 厚种植土 3. $150g/m^2$～$200g/m^2$ 无纺布过滤层 4. 凹凸型排（蓄）水板 5. $300g/m^2$ 土工布保护层 6. 耐根穿刺防水层 7. 找平层 8. 找坡层 9. 保温层 10. 水泥砂浆隔离层 原屋面各层构造（表面清理并涂刷基层处理剂）	1. 新旧保温层，防水层共同作用 2. 耐根穿刺防水层材料选用见总说明表 2 3. 植被层选用草坪、地被类植物
002	此层以上为改造做法 防水层有效，保温层不满足节能设计要求 简单式种植	1. 植被层 2. 100～300 厚种植土 3. $150g/m^2$～$200g/m^2$ 无纺布过滤层 4. 凹凸型排（蓄）水板 5. 水泥砂浆保护层 6. 隔离层 7. 耐根穿刺防水层 8. 找平层 9. 找坡层 10. 保温层 11. 水泥砂浆隔离层 原屋面各层构造（表面清理并涂刷基层处理剂）	1. 新旧保温层，防水层共同作用 2. 耐根穿刺防水层材料选用见总说明表 2 3. 隔离层材料选用见总说明表 5 4. 植被层选用草坪、地被类植物

校对 吴奕武 设计 徐梦苑 制图 胡惠芳

防水层有效的既有建筑屋面种植构造	章节号	五
	页	16

编号	简图	构造层次	附注
003	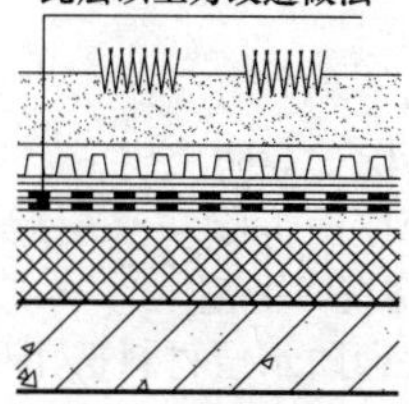 此层以上为改造做法 保温层满足节能设计要求，防水层失效简单式种植	1. 植被层 2. 100～300 厚种植土 3. 150g/m² ～200g/m² 无纺布过滤层 4. 凹凸型排(蓄)水板 5. 300g/m² 土工布保护层 6. 耐根穿刺复合防水层 拆除防水层后的原屋面构造(表面清理并涂刷基层处理剂)	1. 拆除失效防水层 2. 耐根穿刺复合防水层材料选用见总说明表 2 3. 植被层选用草坪、地被类植物
002	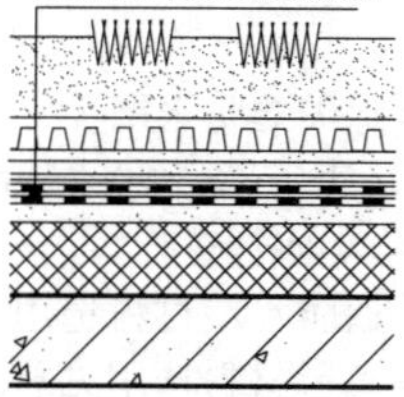 此层以上为改造做法 保温层满足节能设计要求，防水层失效简单式种植	1. 植被层 2. 100～300 厚种植土 3. 150g/m² ～200g/m² 无纺布过滤层 4. 凹凸型排(蓄)水板 5. 水泥砂浆保护层 6. 隔离层 7. 耐根穿刺复合防水层 拆除防水层后的原屋面构造(表面清理并涂刷基层处理剂)	1. 拆除失效防水层 2. 耐根穿刺复合防水层材料选用见总说明表 2 3. 隔离层材料选用见总说明表 5 4. 植被层选用草坪、地被类植物

校对	吴奕武	设计	徐梦苑	制图	胡惠芳

保温层有效的既有建筑屋面种植构造（一）	章节号	五
	页	17

编号	简图	构造层次	附注
005	此层以上为改造做法 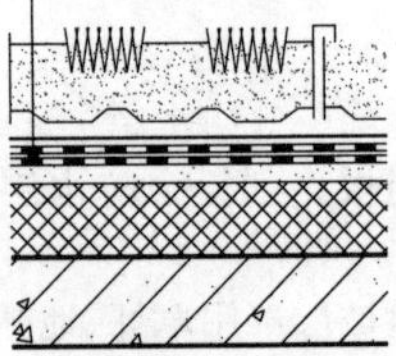 保温层满足节能设计要求，防水层失效容器种植	1. 种植容器 2. 300g/m^2 土工布保护层 3. 普通防水层 拆除防水层后的原屋面构造(表面清理并涂刷基层处理剂)	1. 拆除失效防水层 2. 原屋面拆除防水层后应满足改造后屋面排水，且表面平整 3. 普通防水层材料选用见总说明表 2
006	此层以上为改造做法 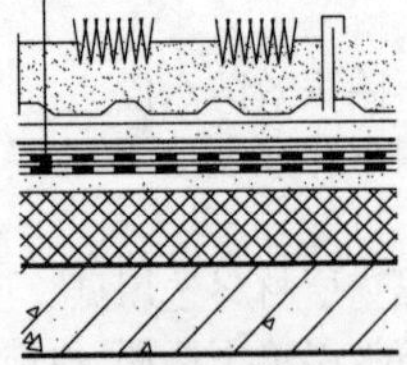 保温层满足节能设计要求，防水层失效容器种植	1. 种植容器 2. 水泥砂浆保护层 3. 隔离层 4. 普通防水层 拆除防水层后的原屋面构造(表面清理并涂刷基层处理剂)	1. 拆除失效防水层 2. 原屋面拆除防水层后应满足改造后屋面排水，且表面平整 3. 普通防水层材料选用见总说明表 2 4. 隔离层材料选用见总说明表 5

校对	吴奕武	设计	徐梦苑	制图	胡惠芳

保温层有效的 既有建筑屋面种植构造（二）	章节号	五
	页	18

校对	吴奕武	设计	徐梦苑	制图	胡惠芳

4　容器种植屋面说明

4.1　概述

4.1.1　容器种植屋面是指坡度为 2%～50%的钢筋混凝土结构屋面放置有特定功能的种植容器，以实现绿化目的的屋面。

4.1.2　根据屋面坡度，可采用平式种植容器和坡式种植容器。平式种植容器用于屋面坡度为 2%～20%坡度的屋面；坡式种植容器用于屋面坡度为 20%～50%坡度的屋面。坡式种植容器内有多道挡土隔板，用于防止种植土在容器内滑动。

4.2　技术要求

4.2.1　种植容器是指具有排（蓄）水、过滤等功能的模块化可移动式特定容器。容器材质的使用年限不应低于 10 年。

4.2.2　容器种植应具有通风、排水、隔热、防漏等功能，并根据不同的建筑屋面将容器灵活地拼接，组成完整的种植绿化系统。

4.2.3　防水层上应铺设保护层后再摆放种植容器，以免对防水层造成破坏。

4.2.4　容器与屋面防滑系统固定连接。容器体之间设置相互连接的卡件，以形成容器组，并具有整体性。

4.2.5　种植土宜高于容器侧壁，使摆放后的种植部分形成整体，并可使水肥气联通。

4.2.6　平式种植容器容器体上可设置增高带，以满足不同种植土厚度的要求。坡式种植容器不宜采用增高带方式。

编号	简图	构造层次	附注
001	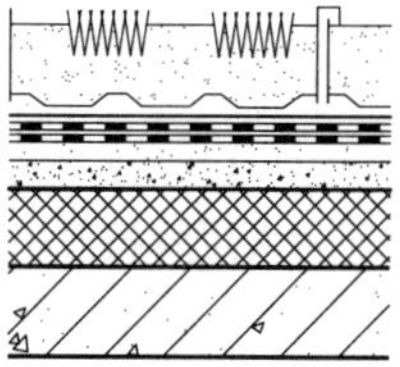 坡度2%～10%	1. 平式种植容器 2. 300g/m² 土工布保护层 3. 普通防水层 4. 水泥砂浆找平层 5. 最薄 30 厚 LC5.0 轻集料混凝土 2%找坡层（当结构找坡时无此层） 6. 保温(隔热)层 7. 钢筋混凝土屋面板	1. 植被层选用草坪、地被植物 2. 普通防水层材料选用见总说明表 2

容器种植屋面说明	章节号	五
	页	19

编号	简图	构造层次	附注
002	坡度2%～10%	1. 平式种植容器 2. 水泥砂浆保护层 3. 隔离层 4. 普通防水层 5. 水泥砂浆找平层 6. 最薄 30 厚 LC5.0 轻集料混凝±2%找坡层（当结构找坡时无此层） 7. 保温(隔热)层 8. 钢筋混凝土屋面板	1. 植被层选用草坪、地被植物 2. 普通防水层材料选用见总说明表 2 3. 隔离层材料选用见总说明表 5
003	坡度10%～20%	1. 平式种植容器 2. 300g/m² 土工布保护层 3. 普通防水层 4. 水泥砂浆找平层 5. 保温(隔热)层 6. 钢筋混凝土屋面板	1. 植被层选用草坪、地被植物 2. 普通防水层材料选用见总说明表 2

校对	吴奕武		设计	徐梦苑		制图	胡惠芳	

平式种植容器屋面构造	章节号	五
	页	20

校对	吴奕武	设计	徐梦苑	制图	胡惠芳

编号	简图	构造层次	附注
004	坡度20%～50%	1. 坡式种植容器 2. 40厚钢筋细石混凝土保护层 3. 隔离层 4. 普通防水层 5. 水泥砂浆找平层 6. 保温(隔热)层 7. 钢筋混凝土屋面板	1. 植被层选用草坪、地被植物 2. 普通防水层材料选用见总说明表2 3. 隔离层材料选用见总说明表5

坡式种植容器屋面构造	章节号	五
	页	21

校对	吴奕武	设计	徐梦苑	制图	胡惠芳

5 佛甲草种植屋面说明

5.1 概述

5.1.1 佛甲草种植屋面适用于广州地区新建、改建、扩建的建筑物屋面。

5.1.2 适用于抗震设防烈度≤8 度的地区。

5.1.3 佛甲草种植屋面主要是以景天科佛甲草为主的屋面绿化，采用负荷极轻的特制基质，具有良好的绿化和隔热效果。

5.2 种植设计

5.2.1 目前佛甲草屋面绿化种植主要有以下三种：

(1) 草卷直铺式：主要是将佛甲草种植在土工布或椰棕垫上，生长 1 个～2 个月以上形成草卷，施工时直接收取草卷铺至待绿化的屋顶上。

(2) 佛甲草模块种植：其构造自下而上一般为结构层、找坡层、找平层、防水层、保护层、种植模块。

(3) 撒播式：将 3cm～5cm 长的佛甲草，撒在种植土上。其构造自下而上一般为结构层、保温（隔热）层、找坡层、找平层、防水层、保护层、蓄水层、疏水层、滤水层、营养层、种植层。

5.2.2 基质的选择：

佛甲草对土的要求不高，宜瘦忌肥，宜沙壤土忌黏土。也可采用无土的人工基质，如泥炭、木屑、陶粒、蛭石等，pH 一般为 6.0～8.5，弱酸碱性，厚度为 30mm～50mm。

5.2.3 佛甲草种植层技术指标：

佛甲草种植层技术指标
极限耐旱能力:200 天无补水不枯萎
耐热:耐盛夏 42℃高温
耐瘠:无须施肥
生长高度:80mm～100mm
单株株径:60mm～80mm
种植密度:80 株/m^2～100 株/m^2(20 株/每模块～25 株/每模块)

注：本表摘自《佛甲草种植隔热屋面建筑构造》粤 08J/216。

5.3 施工要求

5.3.1 测试防水：防水保护层完工后，需经过防水测试单项验收合格。

5.3.2 清扫屋面：清扫保护层表面。

5.3.3 弹线定格：按设计弹线确定屋面人行道、排水沟挡墙、挡墙排水孔的位置。

5.3.4 砌筑挡墙、铺设行道：做好挡墙（随砌随预埋排水管）、铺设人行道，做好挡墙、道路边部的砂浆饰面。

5.3.5 铺垫增强隔热层：将隔热层（如挤塑聚苯板）平铺于屋面保护层上，不须粘接，并缝牢靠不露保护层。

5.3.6 铺垫蓄/疏水层。

5.3.7 铺设滤水层：铺设窗纱网滤水层，当滤水层为 PVC 窗纱网须至挡墙边缘处上返 50mm。

5.3.8 铺设营养土：均匀铺设轻质营养土层，边铺边耙平、拍实至设计厚度。

5.3.9 植草：在营养土上按设计要求的种植密度，等间距栽植佛甲草。

校对	吴奕武	设计	徐梦苑	制图	胡惠芳

编号	简图	构造层次	附注
001	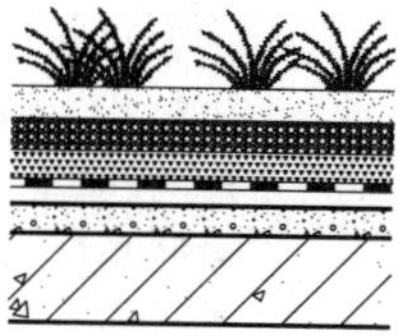 佛甲草种植屋面构造	1. 佛甲草(80 株/m² ～100 株/m²) 2. 30mm～50mm 营养土 3. 线径 0.2mm～0.23mm,PVC 窗纱网隔离层 4. 砂和陶粒(或砾石)混合蓄/疏水层 5. 细石混凝土保护层 6. 隔离层 7. 柔性防水层(厚度按工程设计) 8. 水泥砂浆找平层 9. 找坡层 10. 保温(隔热)层 11. 钢筋混凝土结构层	
002	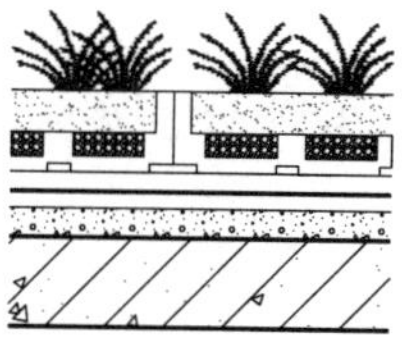 SGK种植模块构造	1. SGK 佛甲草种植模块 2. 保护层:20 厚水泥砂浆找平表面抹平压光,1m×1m 表面分格缝(或按单项工程设计) 3. 隔离层 4. 柔性防水层(按单项工程设计) 5. 找平层:20 厚水泥砂浆 6. 找坡层 7. 纵横刷素水泥浆各一道 8. 钢筋混凝土结构层	SGK 是由 EPS 聚苯乙烯泡沫板模塑载体承载,包含蓄水层、滤水层、复合种植土、佛甲草种植层等

佛甲草种植屋面构造

章节号	五
页	23

校对	吴奕武	吴奕武	设计	徐梦苑	徐梦苑	制图	徐梦苑	徐梦苑

6 垂直绿化说明

6.1 概述

本章所提垂直绿化多指建筑墙面绿化，是用绿化植物装饰建筑外墙和各种围墙的一种立体绿化形式。应因地制宜，根据建筑朝向、光照、立体条件等因素，在不影响建筑物和构筑物的强度和其他功能需要的状况下，进行墙面绿化。

6.2 适用范围

本章节主要适用于建筑物墙体、围墙、墙柱。本章节垂直绿化构造为示意构造参考做法，具体设计与施工按工程实际情况实施。

6.3 设计内容

根据墙面不同的绿化形式，建筑垂直绿化主要分为模块式、铺贴式、摆花式、藤蔓式四种形式。但无论采取任何分类形式，其构成主体内容均离不开植物层、种植基质、种植容器、给水系统、排水系统、墙体支撑等。

6.3.1 植物层

绿化植物是墙面绿化的主要功能层，集中体现墙面绿化的景观、生态效果。一般适合墙面覆盖的植物有灌木、地被植物、攀援植物、景天科植物等，详见表9。

表9 各类构造墙面的植物类型和常用植物

构造形式	植物类型	常用植物品种
模块式	地被植物（小灌木、部分蕨类和草本植物）	小毛茛、常夏石竹、紫花地丁、刻叶紫堇、肾蕨、剑叶凤尾蕨、蔓马缨丹、巴西鸢尾、金边金钱蒲、金丝桃等
铺贴式	藤本、蕨类、草本植物、景天科植物	天门冬、黑麦草、葱兰、酢浆草、佛甲草、虎耳草、网纹草、冷水花、丝苇、薜荔、豆瓣绿、常青藤、肾蕨、彩叶草、马缨丹、万年青、红鹤芋、观音莲
摆花式	灌木、蕨类和草本植物	虎耳草、石菖蒲、勒杜鹃、非洲凤仙、三色堇、金盏菊、万寿菊、五星花、千日红、一串红、铁线菊、肾蕨
藤蔓式	藤本类、灌木	藤本月季、木通、炮仗花、紫藤、常绿油麻藤、五味子、使君子、凌霄、勒杜鹃、软枝黄蝉、铁线藤等

6.3.2 基质层

基质层是满足植物良好生长要求的土壤层，为植物提供生长空间，供给生长所需的养分、水分，是植物生长的“土壤”。

（1）基质层的材料

1）自然表层土：也称田园土，适用于室外地面栽植的墙面绿化。

2）改良土：一般由田园土、排水材料、轻质骨料和肥料混合而成，适用于大多数种植槽或模块式墙面绿化。

3）人造土：也称无土栽培基质，一般利用天然矿物、工农业产生固体废弃物单质或混合，基本具备水、肥、汽、热等类似表层土可供植物生长的肥力特性，适于大多数种植槽或模块式、摆花式墙面绿化。

（2）基质层厚度

墙面绿化多选择小灌木或草本，植物根系生长需要的基质厚度较小，10cm～20cm 的基质一般能满足墙面绿化植物的生长需要。

6.3.3 容器

容器即植物栽培容器，用于支撑、承载基质。在模块式、摆花式墙面绿化中设置各种形式的绿化种植容器。

容器的类型：

（1）柔性容器：采用一定弹性、通气性和透水性的非纺织而成的柔性材料，将其并列分成多个格，每个格开若干裂缝，数量和间距并根据绿化的需要而定。可用材料有聚酯、尼龙、聚乙烯、聚丙烯、毛毡、椰丝纤维、无纺布等。

（2）复合材料：如聚丙烯（PP）、玻璃钢（纤维强化塑料）、聚氯乙烯（PVC）等材料，压制而成矩形种植模块，模块之间可以拼接组合，并可以结合灌溉系统等进行统一设计。

（3）金属材质：如不锈钢种植槽、镀锌铁盒种植槽等。

6.3.4 辅助支撑体系

辅助支撑体系是为植物形成垂直绿化效果提供有力的支持。不同的垂直绿化形式，其支撑体系的结构不同。一般具有为植物提供生长条件、稳固支撑、便于安装及维护、不影响建筑外墙整体立面效果等特性。

6.3.5 墙面绿化给、排水系统

（1）给水系统

目前，园林绿化主要灌溉形式为喷灌、滴灌和微灌。墙面绿化系统多采用滴灌技术，即在种植层后设置水管，并连接每个模块或容器等。给水管道主要包括供水管道、分支管道和水位调节装置等。为了节水灌溉，大多采用上部供水，并在底部制作收集槽同时收集槽里多余的水，再次输送到顶部供水部分，实现水的循环利用。

（2）排水系统

对于藤蔓式墙面绿化而言，攀援植物下层不存在透水层，因此无须考虑排水问题。对其他形式墙面绿化而言，槽底排水设计尤为重要，需采取有组织排水的形式，将水有组织地排到建筑预留的排水口，再经排水管排往城市地下或有蓄水设计的排水系统。

编号	简图	构造层次	附注
毡布种植墙面 001	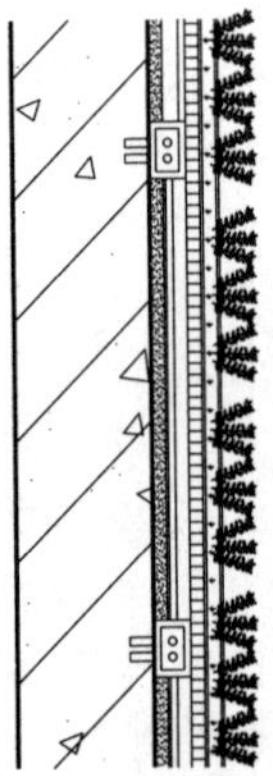	1. 种植层 2. 毛毡层 3. 灌溉层与生长基质层 4. 毡布层 5. PVC 板 6. 竖向龙骨 7. 抗裂防水砂浆 8. 玻纤网格 9. 找平层 10. 钢筋混凝土	多以金属龙骨支撑，用于室外墙面绿化上，适用面积大、尺度高、植物品种多的建筑外墙绿化
水培种植墙面 002	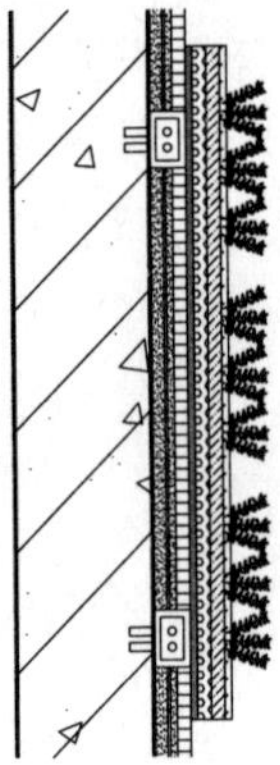	1. 种植层 2. 种植媒介 3. 可回收聚苯乙烯外壳 4. 疏松多孔材料(海绵、泡沫等) 5. 根系蓄水介质 6. 种植板块 7. 抗裂防水砂浆 8. 玻纤网格 9. 找平层 10. 钢筋混凝土	对浇灌系统要求比较高，多用于小面积项目，主要集中在酒店大堂、餐馆、商场等室内绿化墙面

校对 吴奕武　设计 徐梦苑　制图 徐梦苑

铺贴式墙体绿化构造（一）　章节号 五　页 26

编号	简图	构造层次	附注
种植毯墙面003	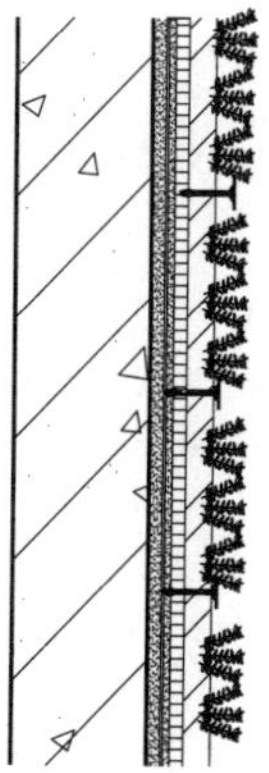	1. 种植层 2. 种植毯:配方土和种植袋 3. 10mm～30mmPVC板 4. 强力胶或防水钉 5. 抗裂防水砂浆 6. 玻纤网格 7. 找平层 8. 钢筋混凝土	适用于室内项目,如植物墙、屏风、logo墙等,无须单独设置金属龙骨,使用强力胶或防水钉直接固定于墙上,工期短造价低,但植物品种搭配层次欠丰富
种植毯墙面004	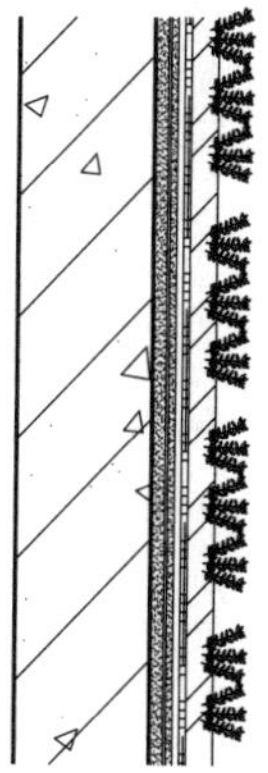	1. 种植层 2. 种植毯:配方土和种植袋 3. 墙体灌溉布与防水阻根膜复合层 4. 专业自粘胶 5. 抗裂防水砂浆 6. 玻纤网格 7. 找平层 8. 钢筋混凝土	自带防水层和防植物根系穿刺层,适用于室内外项目,植物品种和植株数量较丰富,现场施工速度较快

校对 吴奕武　设计 徐梦苑　制图 徐梦苑

铺贴式墙体绿化构造（二）

章节号 五　页 27

编号	简图	构造层次	附注
铺贴式种植袋墙面 005	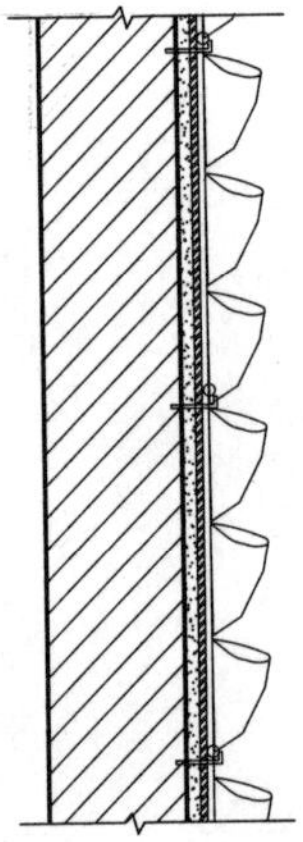	1. 种植植物和种植基质 2. 工厂成品墙体种植带(用强力胶或挂钩固定) 3. 不透水瓷砖 4. 高强度防水粘合剂 5. 水泥砂浆找平层 6. 砖砌墙	1. 砖墙内预埋扁铁挂钩(面做防锈处理) 2. 安装平面浇灌系统和排水系统,设置滴灌管道

校对	吴奕武	设计	徐梦苑	制图	徐梦苑

铺贴式墙体绿化构造（三）	章节号	五
	页	28

校对	吴奕武
设计	徐梦苑
制图	徐梦苑

编号	简图	构造层次	附注
模块式种植墙面 006	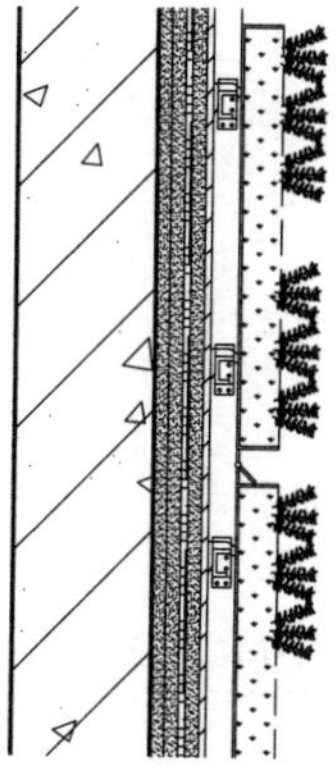	1. 种植层 2. 生长介质 3. 防腐面板 4. 主、次龙骨 5. 外墙涂料 6. 竖向龙骨 7. 找平层 8. 防水涂料 9. 抗震砂浆 10. 玻纤网格 11. 找平层 12. 钢筋混凝土	多以金属龙骨支撑，用于室外墙面绿化上，适用面积大、尺度高、植物品种多的建筑外墙绿化
摆花式种植墙面 007	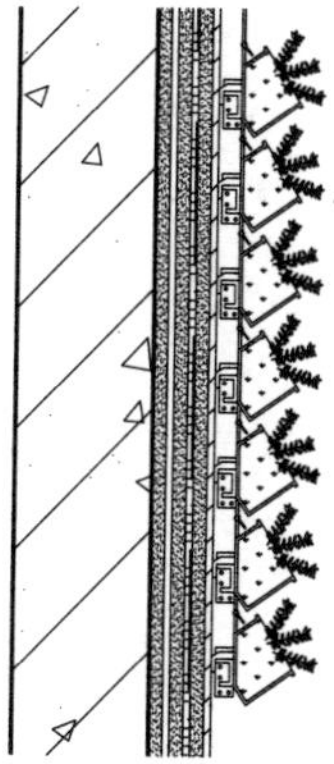	1. 种植层 2. 生长介质 3. 种植盒 4. 主、次龙骨 5. 外墙涂料 6. 竖向龙骨 7. 找平层 8. 防水涂料 9. 抗震砂浆 10. 玻纤网格 11. 找平层 12. 钢筋混凝土	

模块式、摆花式墙体绿化构造	章节号	五
	页	29

校对	吴奕武	
设计	徐梦苑	
制图	徐梦苑	

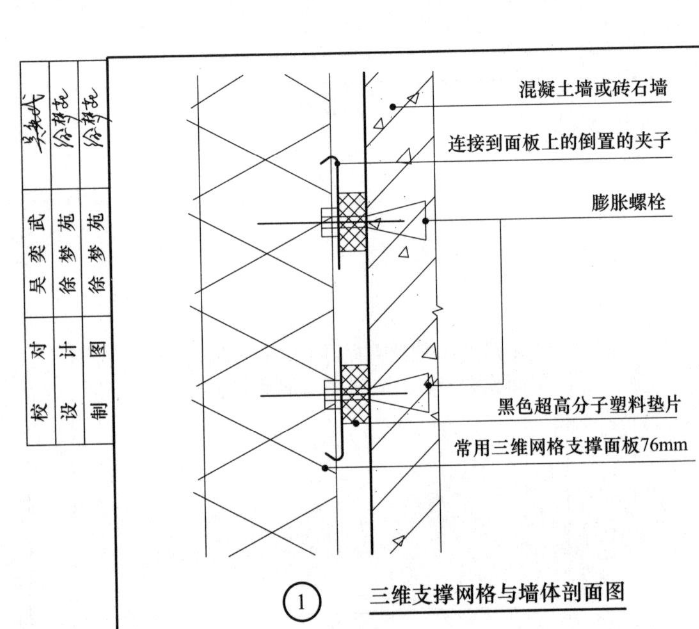

① 三维支撑网格与墙体剖面图

不锈钢螺栓固定
不锈钢螺栓
直径6.4mm
附加的网格
76mm厚三维网格
76mm圆或方管钢管

② 三维网格面板横向连接平面图

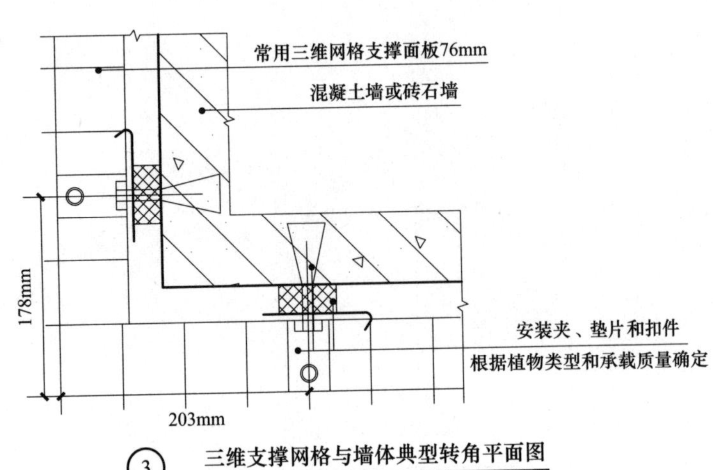

③ 三维支撑网格与墙体典型转角平面图

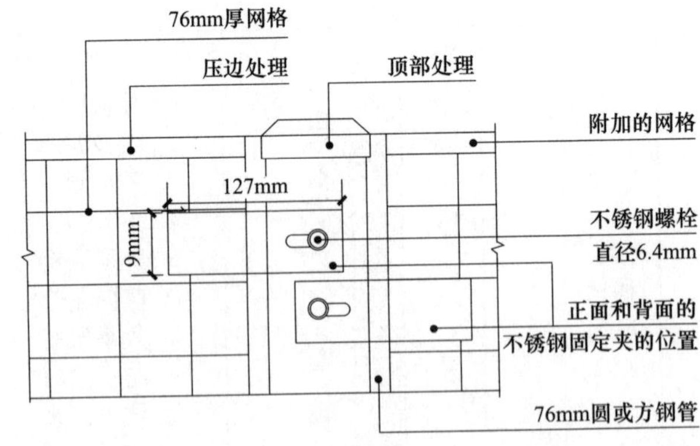

④ 三维网格面板横向连接立面图

藤蔓式立体支撑大样图	章节号	五
	页	30

六　低影响开发（LID）雨水系统

六　低影响开发（LID）雨水系统目录

校对	罗佳文	设计	徐梦苑	制图	周裕利

低影响开发（LID）雨水系统目录	章节号	六
	页	1

校对	罗佳文	罗佳文
设计	徐梦苑	徐梦苑
制图	周裕利	周裕利

六　低影响开发（LID）雨水系统总说明

1　适用范围

本章适用于广州地区建筑小区的LID雨水控制与利用系统工程。

2　设计内容

低影响开发（Low Impact Design，LID），是指基于模拟自然水文条件原理，采用源头控制理念实现雨水控制与利用的一种雨水管理方法。

本章节主要通过建筑小区与LID典型流程示意系统图中各通用设施构造进行以下内容设计：

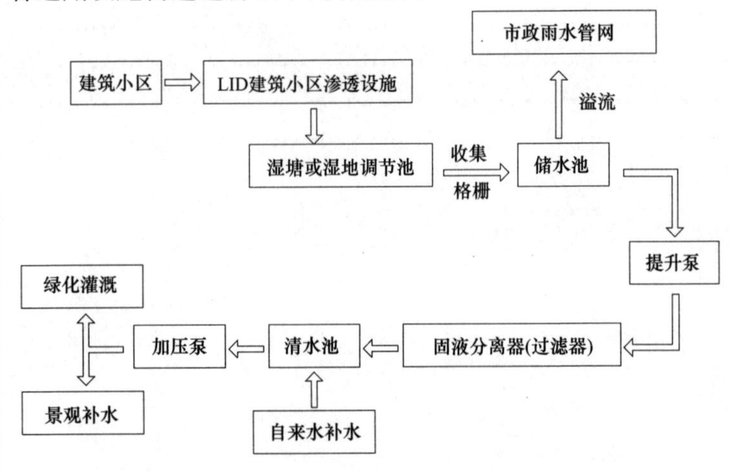

建筑小区与LID相结合的雨水收集回用典型工艺流程图

注：储水池宜设循环净化处理设施。

本章节编制内容主要包括透水铺装构造、下沉式绿地构造、生物滞留带设施构造、雨水口构造、溢流口构造、植草沟构造六类低影响开发通用设施构造。

3　设计依据

《室外排水设计规范》GB 50014—2014

《建筑给水排水设计规范》GB 50015—2003（2009年版）

《建筑与小区雨水利用设计规范》GB 50400—2006

《城市排水工程规划规范》GB 50318—2000

《绿色建筑评价标准》GB/T 50378—2014

《雨水集蓄利用工程技术规范》GB/T 50596—2010

《低影响开发雨水综合利用技术规范》SZDB/Z 145—2015

《广州市建设项目雨水径流控制办法》2014.11.01

4　种植土设计

4.1　如果原始土壤满足渗透能力大于1.3cm/h，有机物含量应大于5%，pH6～8，阳离子交换能力大于5meq/100g等条件，生物滞留设施、渗透型植草沟、植物池等LID设施中的种植土壤尽量选用原始土壤，以节省造价。对于不能满足条件的应换土。

低影响开发（LID） 雨水系统总说明（一）	章节号	六
	页	2

校对	罗佳文	罗佳文	设计	徐梦苑	徐梦苑	制图	周裕利	周裕利

4.2　对于需要换土的，土壤一般采用85%的洗过的粗砂，10%左右的细砂，有机物含量5%，磷的浓度宜为10ppm～30ppm，渗透能力不小于2.5cm/h。

4.3　生物滞留设施、渗透型植草沟、植物池等LID设施中的种植土壤一般不宜小于0.6m，不宜大1.2m。

5　注意事项

5.1　相关要求如下：

5.1.1　雨水入渗场所应不引起地质灾害及损坏建筑物，下列场所不得采用雨水入渗系统。

（1）可能造成陡坡坍塌、滑坡灾害的场所。

（2）自重湿陷性黄土、膨胀土和高含盐土等特殊性土壤场所。

下列场所不宜采用雨水入渗系统：

（1）山地坡度大于7%的情况；

（2）在机动车道上；

（3）地下水位埋深小于1m的区域。

5.1.2　敞开式蓄水池边需设安全警示标志。

5.1.3　收集雨水及其回用水严禁与生活饮水管道相连接。

5.1.4　雨水储存设施因条件限制必须设在室内时，应该设置旁通管并排至室外安全处，其检查口等开口部位应回灌。

5.1.5　雨水回用系统应采取防止误饮误用措施。雨水储蓄管外壁应按设计规定涂色或标识。当设有取水口时，应该设置成专门开启工具，并有明显的"雨水"标识。

5.1.6　LID设施构筑物的结构强度需满足相应设计安全等级要求。

5.1.7　LID设施的选用应因地制宜，同时遵循便于管理维护的原则。

5.2　验收规范及要求

LID设施的竣工验收应按照相关施工验收规范和评价标准执行。由建设单位组织设计、施工、工程监理及规划、市政、园林绿化等单位部门验收，并对设施规模、竖向、进水口、溢流排水口、初期雨水收集设施、绿化种植等关键环节进行专项验收，并出具检验报告，验收合格后方可交付使用。

5.3　运行维护要求

市政设施由管养部门定期进行清理，建筑与小区的设施由小区物业进行维护。

6　本章节参考及配合使用图集

《南宁市海绵城市建设技术-低影响开发雨水控制与利用工程设计标准图集（试行）》2015

《雨水综合利用》10SS705

7　其他

本章所标注的尺寸和标高，除注明外，尺寸均以毫米（mm）计，标高均以米（m）计。

低影响开发（LID）雨水系统总说明（二）	章节号	六
	页	3

校对	罗佳文	罗佳文
设计	徐梦苑	徐梦苑
制图	周裕利	周裕利

1 人行道透水铺装典型构造大样

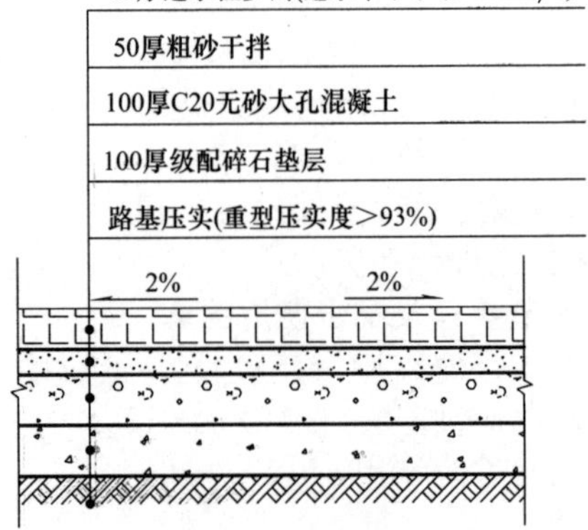

人行道结构层大样图一(广场铺装)

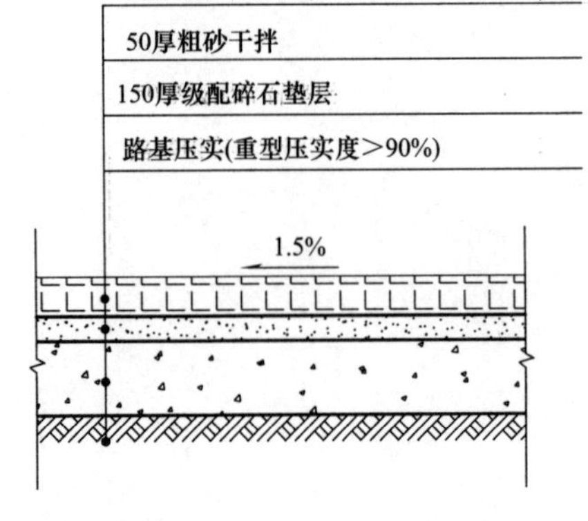

人行道结构层大样图二(建筑小区)

注：

1. 级配碎石基层重型压实度不小于95%，集料压碎值不大于40%。
2. 无砂大孔混凝土基层孔隙率不小于15%，间隔5m～6m设置横向伸缩缝，缝宽10mm。
3. 透水砖孔隙率宜达到20%，保水量在通常使用状态下达10000CC/m。不考虑机动车荷载步砖：抗压强度不小于Cc40，抗折强度不小于Cf4，防滑等级为R3，防滑性能指标BPN≥65；考虑机动车荷载步砖：抗压强度不小于Cc50，抗折强度不小于Cf5，防滑等级为R2，防滑性能指标BPN≥70。
4. 砖铺设留缝2mm～3mm，并用中粗砂填缝。
5. 人行道面层的铺砌应与临街建筑物地坪妥善衔接，建筑物紧靠路边时，人行道应铺至建筑边；两者有高差时，可由人行道边界起设一定坡度衔接；高差较大时，采用台阶处理；在建筑物后退线和未建成区域，应按设计宽度铺设；各种管井盖应调平至于人行道路面平。
6. 人行道外边线尽量与道路红线外用地接顺，对于道路外侧狭长红线外用地，可直接拓宽人行道方式满铺；若外侧红线外用地较大或不宜用人行道砖铺砌，可采用绿化遮挡。
7. 使用期间透水铺装面层出现破损时应进行修补或更换，出现不均匀沉降时应进行局部修整找平。当渗透能力大幅下降时应采用冲洗、负压抽吸等方法及时清理。
8. 其他按照《公路路面基层施工技术细则》JTG/T F20-2015，《透水砖路面技术规程》CJJ/T 188—2012及其他相关施工手册施工。
9. 为保证一定程度的雨水深层渗透，人行道下路基填土采用砂类土，或对路基填土进行改良，使人行道下路基土的渗透系数大于5×10^{-6}mm/s。

人行道透水铺装典型构造大样	章节号	六
	页	4

校对	罗佳文	罗佳文
设计	徐梦苑	徐梦苑
制图	周裕利	周裕利

2 下沉式绿地典型构造大样

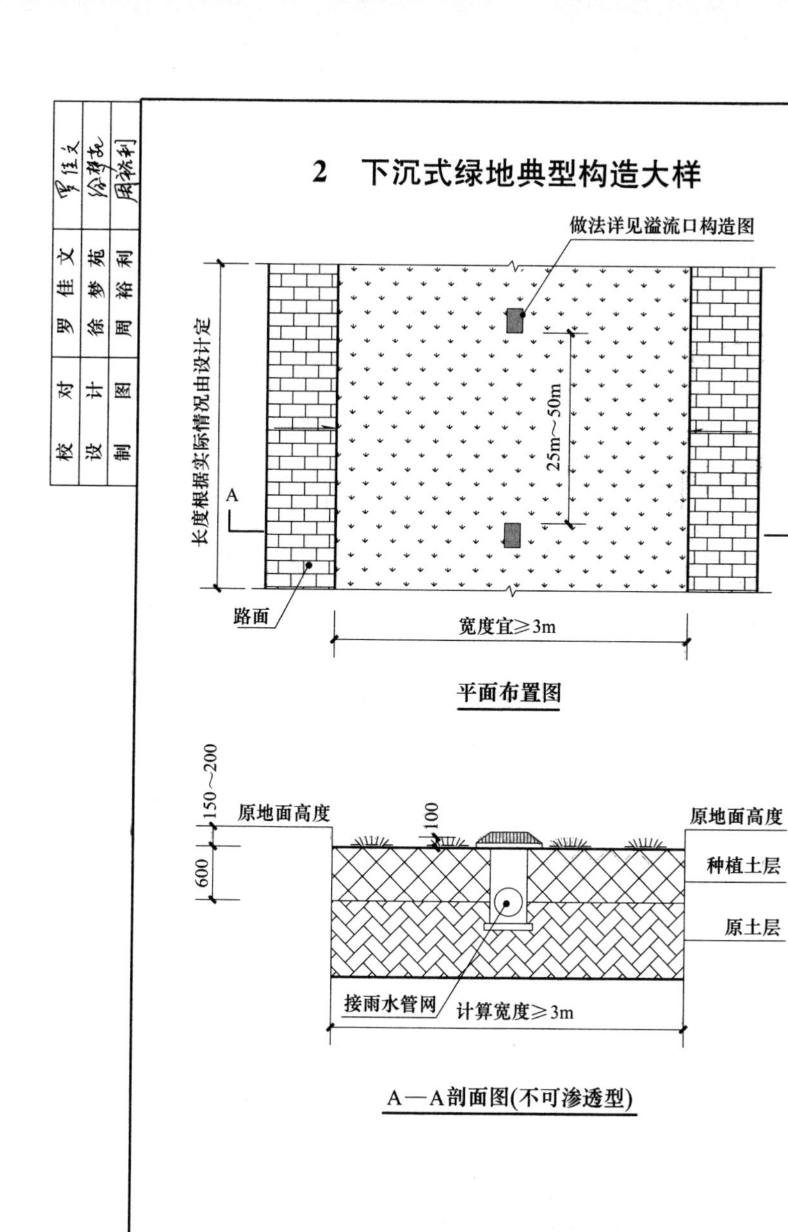

平面布置图

A—A剖面图(不可渗透型)

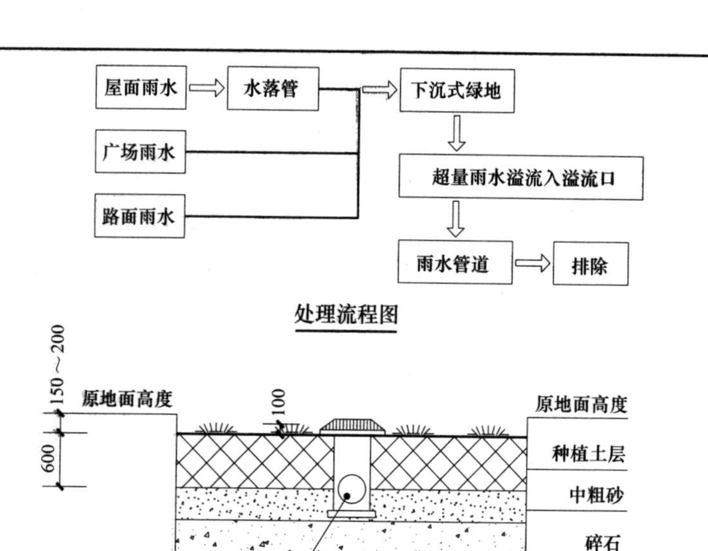

处理流程图

A—A剖面图(可渗透型)

注：

1. 下沉式绿地适用于宽度大于3m的城市道路后排绿地、建筑小区及城市广场。

2. 下沉式绿地应低于周边铺砌地面或道路，下凹深度宜为150mm～200mm。

3. 周边雨水宜分散进入下沉绿地，当集中进入时应在入口处设置缓冲措施。

4. 下沉式绿地植物宜选用耐旱、耐涝的品种。

5. 溢流口可采用成品溢流口形式，做法详见其构造图，溢流口的数量和布置，应按汇水面积所产生的流量确定，溢流口间距宜为25m～50m，溢流口周边1m范围内宜种植耐旱耐涝的草皮。

下沉式绿地典型构造大样	章节号	六
	页	5

3 生物滞留带典型构造大样

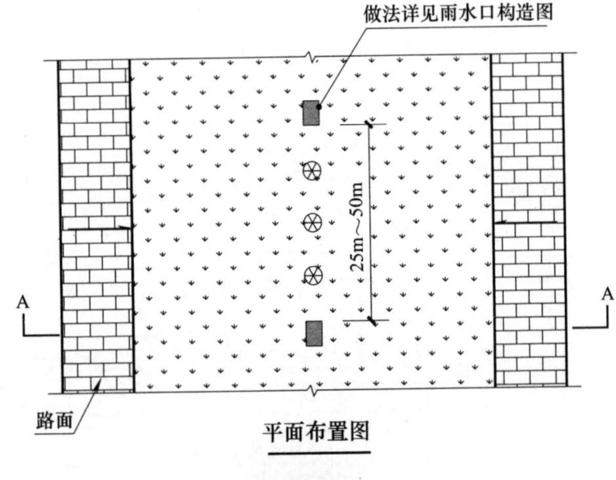

平面布置图

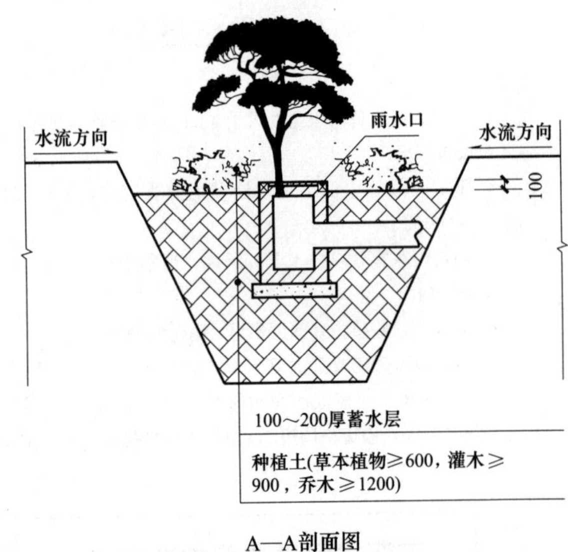

A—A剖面图

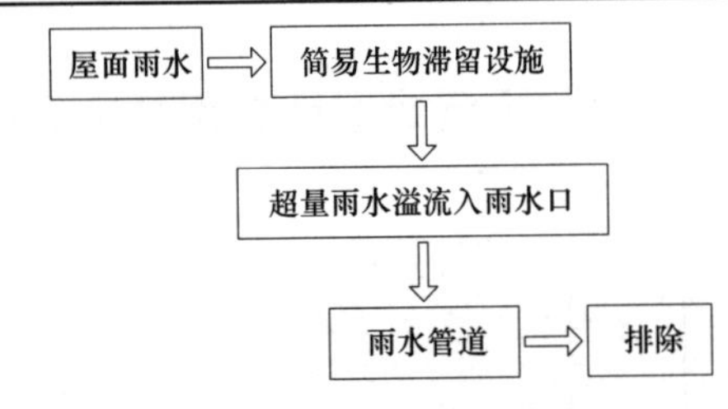

简单生物滞留处理流程图

注：

1. 简单生物滞留设施适用于处于小面积汇流的径流雨水，主要应用于低等级宽度≥1.5m的道路绿化带。

2. 路面径流可通过开孔式路缘石分散流入，开孔式路缘石设置按单项工程设计。

3. 生物滞留设施面积与汇水面积之比一般为5%～10%，简易生物滞留设施宜取高限。

4. 简单生物滞留设施应设溢流装置，采用雨水箅子等装置，雨水口应高于种植土顶面100mm，雨水口可采用平箅式雨水口，详见平箅式雨水口大样图。

5. 地形有一定坡度时，生物滞留设施宜采用阶梯式，避免冲刷和局部积水。

6. 简单生物滞留设施自上而下设置蓄水层、植被及种植土层，各层设置应满足下列要求：

（1）蓄水层深度应根据植物耐淹性能和土壤渗透性能以及径流控制目标综合确定，一般宜为100mm～200mm；

（2）植被及种植土层厚度视植物类型确定，当种植草本植物时≥600mm，灌木≥900mm，乔木≥1200mm，为增加渗透性能，种植土可掺入20%细砂；

（3）土壤透水性能力小于1.3cm/h时，需要加装穿孔排水管，并置换原土，一般为80%为粗砂，10%细砂和10%左右腐殖土。

简单生物滞留带典型构造大样	章节号	六
	页	6

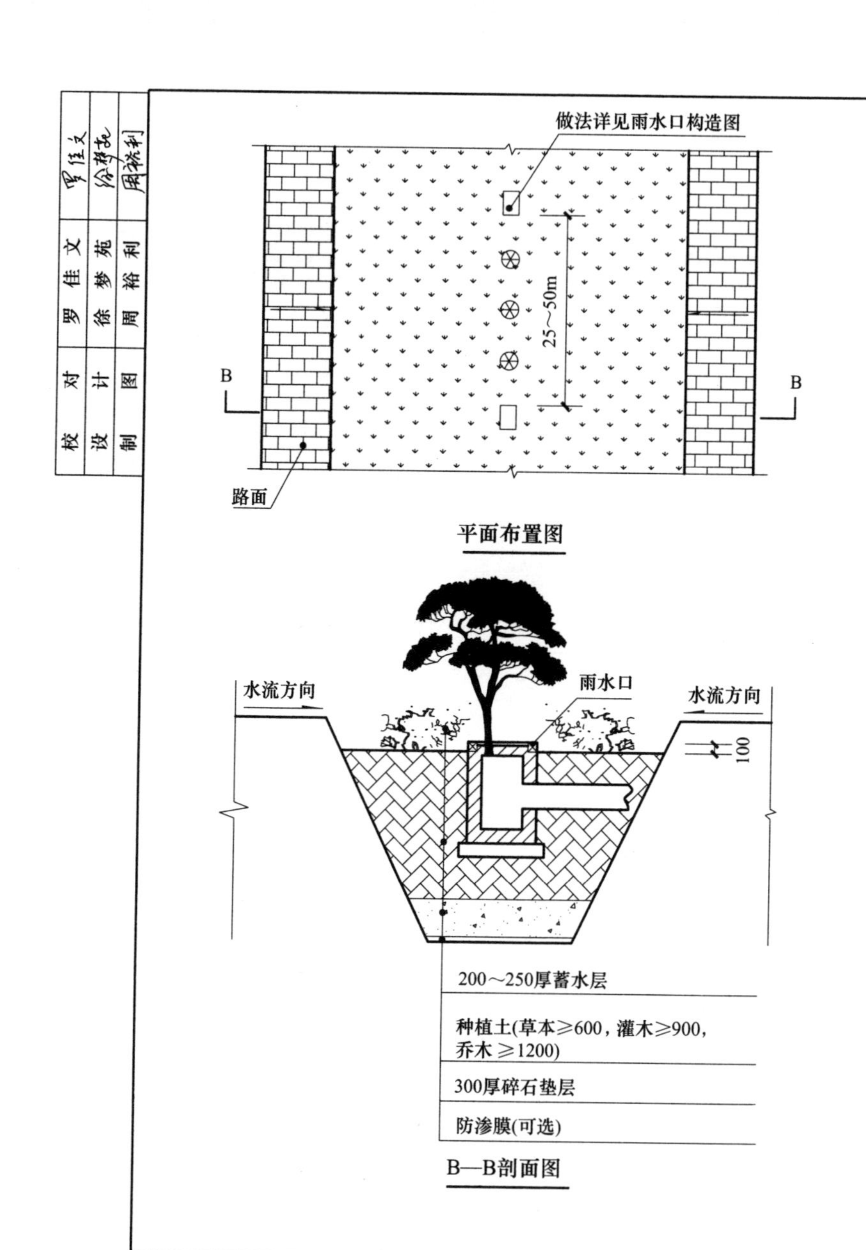

平面布置图

B—B剖面图

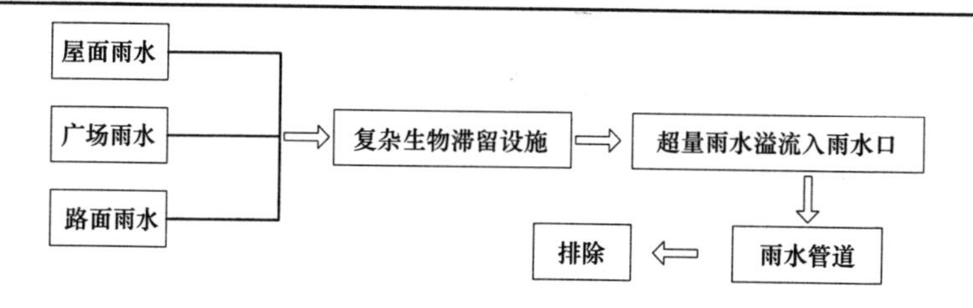

复杂生物滞留处理流程图

注：

1. 复杂生物滞留设施适用于地势较低的浅水洼地或景观区，如道路绿化带（宽度≥1.5m）、建筑小区和城市广场。

2. 对于污染严重的汇水区应选用植被浅沟，前池等对雨水径流进行预处理，去除大颗粒的沉淀并减缓流速。

3. 屋面径流雨水应由管道接入生物设施，广场及路面径流可通过开孔路缘石分散流入，开孔式路缘石设置按单项工程设计。

4. 生物滞留设施面积与汇水面积之比多为5%～10%，复杂生物滞留设施宜取低限。

5. 地形有一定坡度时，生物滞留设施宜采用阶梯式，避免冲刷和局部积水。

6. 复杂生物滞留设施自上而下设置蓄水层、植被及种植土层、碎石垫层及防渗膜等，各层设置应满足下列要求：

（1）蓄水层深度应根据植物耐淹性能和土壤渗透性能以及径流控制目标综合确定，一般宜为200mm～250mm，最深不超过300mm；（2）植被及种植土层厚度视植物类型确定，当种植草本植物时≥600mm，灌木≥900mm，乔木≥1200mm，为增加渗透性能，种植土可掺入20%细砂；（3）土壤透水性能力小于1.3cm/h时，需要加装穿孔排水管，并置换原土，一般为80%为粗砂，10%为细砂，10%左右腐殖土；（4）碎石垫层宜为300mm；（5）底层为防渗膜，可视实际情况选取。

复杂生物滞留带典型构造大样	章节号	六
	页	7

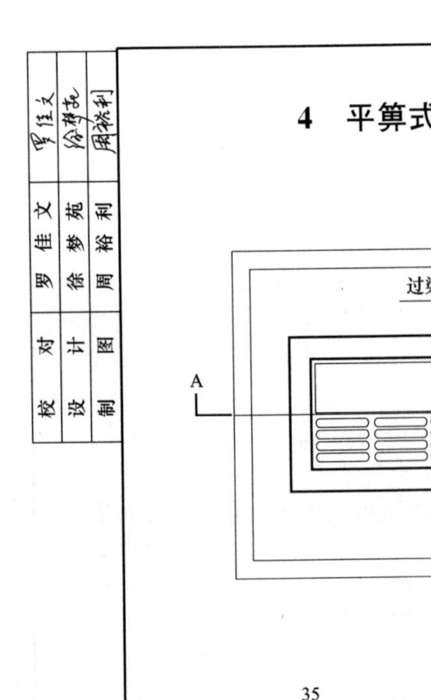

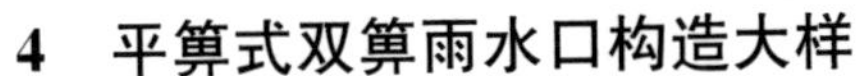

4 平箅式双箅雨水口构造大样

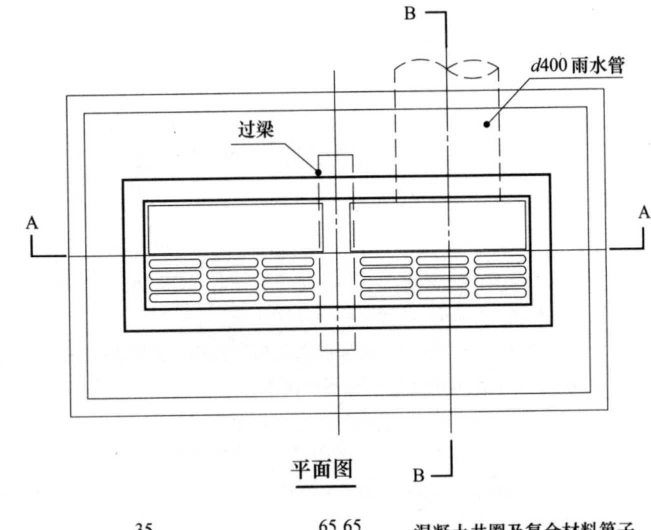

平面图

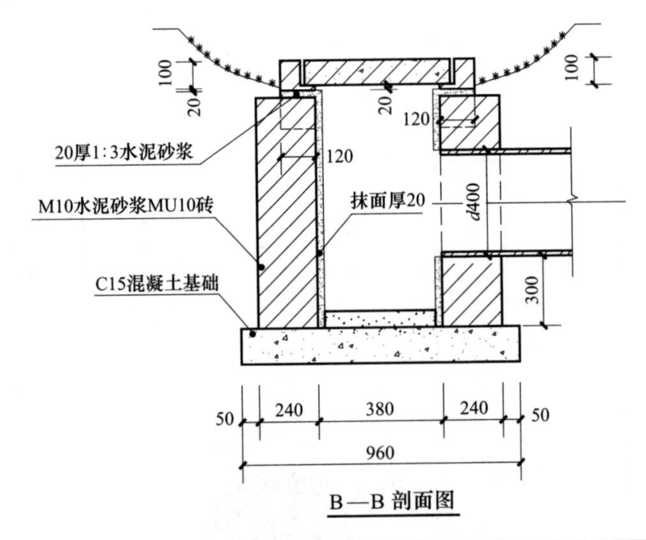

B—B 剖面图

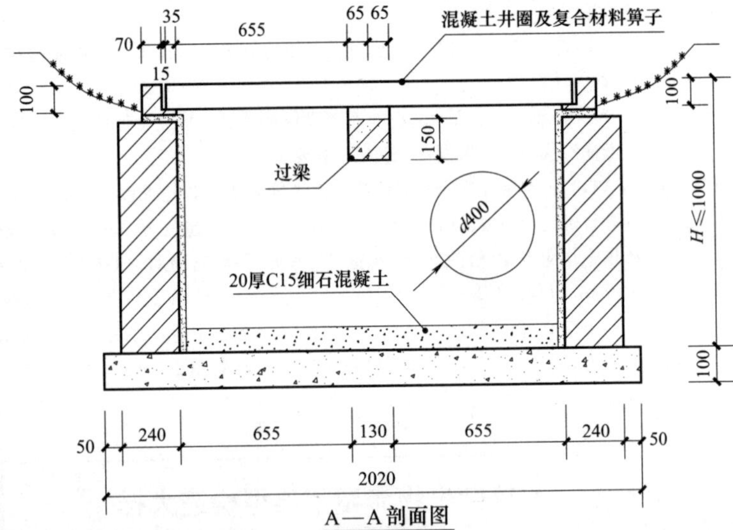

A—A 剖面图

H (m)	工程数量(m³)				复合材料箅子(个)	混凝土井圈(个)	过梁(根)
	C15混凝土	C15细石混凝土	砖砌体	1:2水泥砂浆抹面(m²)			
0.7	0.194	0.027	0.59	2.716	2	2	1
1.0	0.194	0.027	0.92	3.988	2	2	1

注：

1. 本图尺寸以毫米计。
2. 复合材料箅子为成品，采用复合材料制造，应符合《聚合物基复合材料水箅》CJ/T 212—2005 中破坏荷载标准，破坏荷载≥130kN。

平箅式双箅雨水口构造大样	章节号	六
	页	8

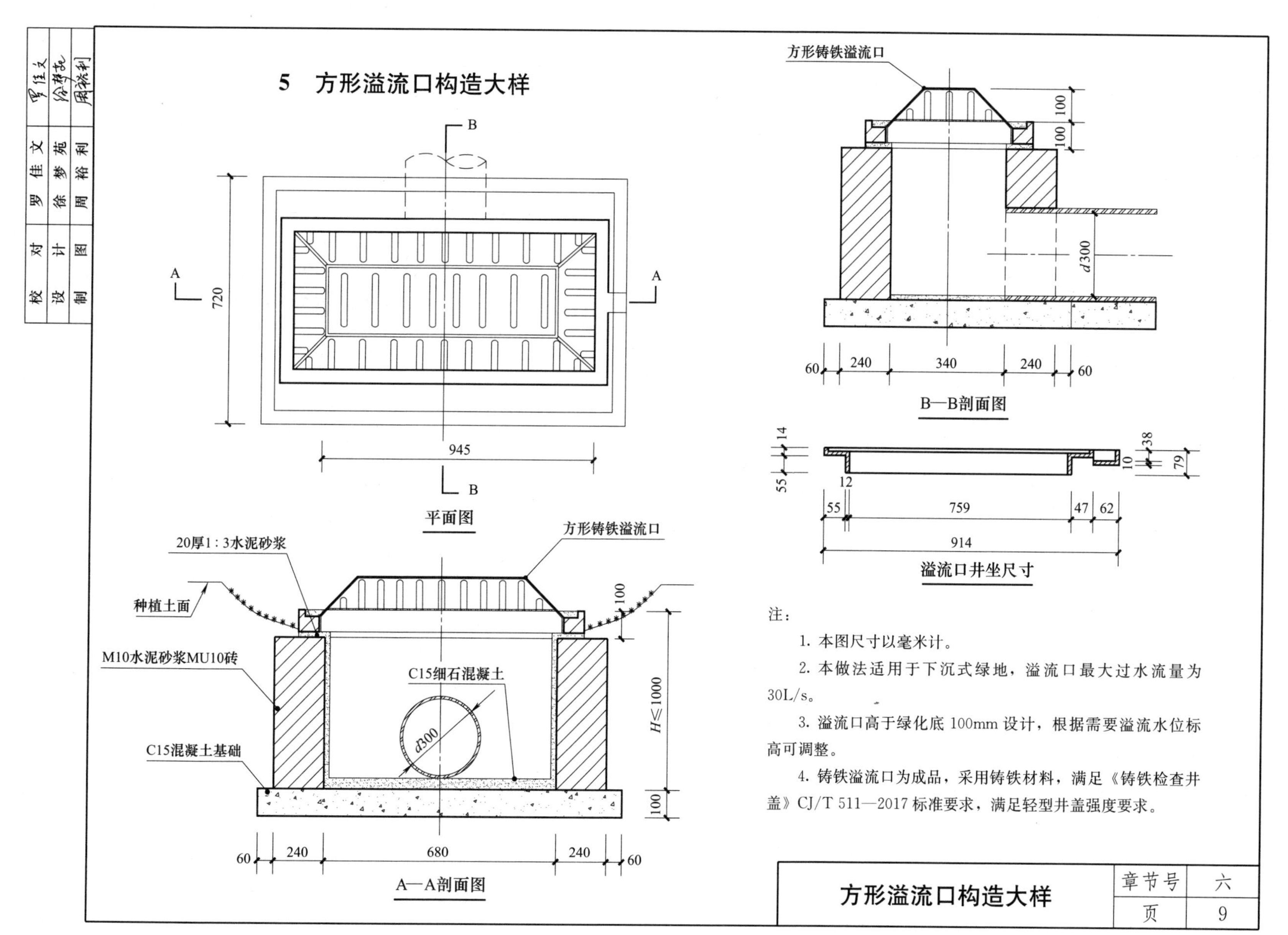
校对 罗佳文
设计 徐梦苑
制图 周裕利
5 方形溢流口构造大样
B
A
720
945
B
平面图
20厚1:3水泥砂浆
方形铸铁溢流口
种植土面
100
M10水泥砂浆MU10砖
C15细石混凝土
d300
H≤1000
C15混凝土基础
100
60 240 680 240 60
A—A剖面图
方形铸铁溢流口
100
100
d300
60 240 340 240 60
B—B剖面图
14
55
12
38
10
79
55 759 47 62
914
溢流口井坐尺寸
注：
1. 本图尺寸以毫米计。
2. 本做法适用于下沉式绿地，溢流口最大过水流量为30L/s。
3. 溢流口高于绿化底100mm设计，根据需要溢流水位标高可调整。
4. 铸铁溢流口为成品，采用铸铁材料，满足《铸铁检查井盖》CJ/T 511—2017标准要求，满足轻型井盖强度要求。
方形溢流口构造大样
章节号 六
页 9

校对	罗佳文	设计	徐梦苑	制图	周裕利

6 植草沟断面选型

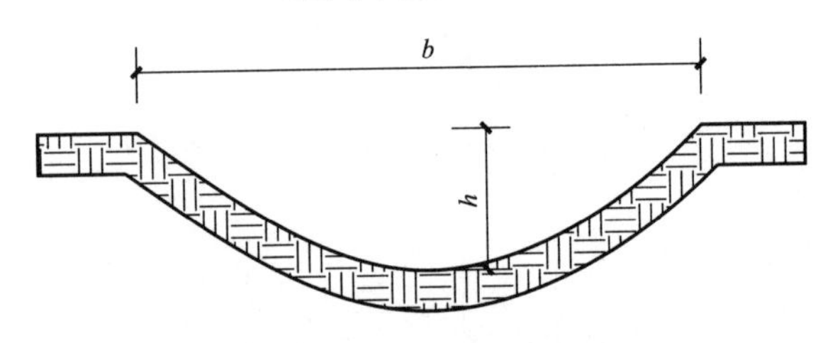

抛物线形植草沟断面图

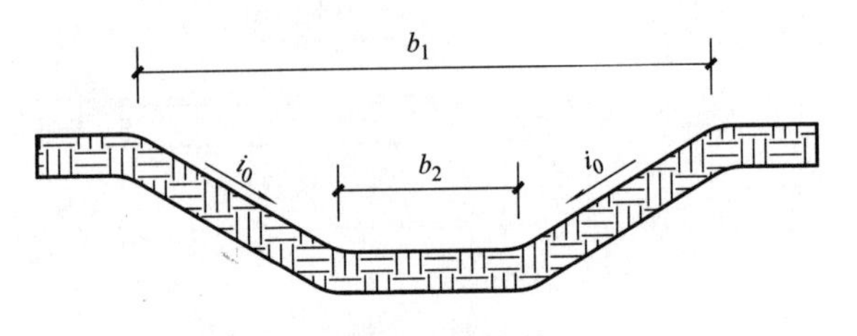

梯形植草沟断面图

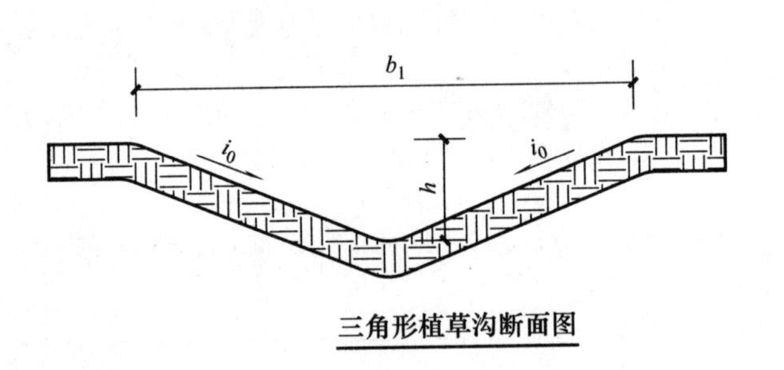

三角形植草沟断面图

植草沟参数推荐表

名称	符号	取值范围	备注
植草沟宽度	b	600～2400mm	根据汇水面积确定
植草沟深度	h	不宜大于600mm	h应大于最大有效水深
植草沟边坡	i_0	1/4～1/3	

注：

1. 植草沟适用于建筑与小区内道路、广场、停车场等不透水地面的周边，城市道路及城市绿地等区域，也可作为生物滞留设施、湿地等低影响开发设施的预处理设施，植草沟可与雨水管渠联合应用，场地竖向允许且不影响安全的情况下也可代替雨水管渠。

2. 植草沟不适用于地下水位高的，坡度大于15%的区域。

3. 植草沟的选型应符合以下要求：

（1）抛物线形植草沟适用于用地受限较小的地段；

（2）梯形植草沟适用于用地紧张地段；

（3）三角形植草沟适用于低填方路基且占地面积充裕的地段，路面上汇流沿路肩以漫流的形式或通过集流槽流入植草沟，再通过植草沟的出口排出界外。

4. 植草沟的长度L应根据具体的平面布置情况取值，此参数可按照设计流量及具体生态草沟的断面形式而定，主要原则是防止沟底冲刷破坏。

5. 植草沟应满足以下要求：

（1）植草沟断面形式宜采用倒抛物线形、三角形或梯形。

（2）植草沟的边坡坡度（垂直：水平）不宜大于1：3，纵坡度不应大于4%，纵坡较大时宜设置为阶梯形植草沟或在中途设置消能台坎。

（3）植草沟最大流速应小于0.8m/s，曼宁系数宜为0.2～0.3。

6. 植草沟不宜作为行洪通道。

7. 根据工程实际情况和经验数据，选择植草沟形状，确定植草沟坡度、粗糙度及断面尺寸，通过曼宁等式计算植草沟水流深度、流量及植草沟长度。曼宁等式表示为：

$$Q=V\cdot A=\frac{AR^{2/3}\cdot a^{1/2}}{n}$$

$$R=A/\chi$$

式中：Q——植草沟计算径流量（m^3/s）；

V——雨水在植草沟断面的平均速度（m/s）；

A——植草沟横断面面积（m^2）；

R——横断面的水力半径（m）；

a——植草沟纵向坡度（m/m）；

n——曼宁系数；

χ——湿周（m）。

8. 植草沟种植要求：宜种植密集的草皮，不宜种植乔木及灌木植物，植被高度宜控制在0.1～0.2m。

校对	罗佳文	罗佳文
设计	徐梦苑	徐梦苑
制图	周裕利	周裕利

植草沟断面选型（二）	章节号	六
	页	11

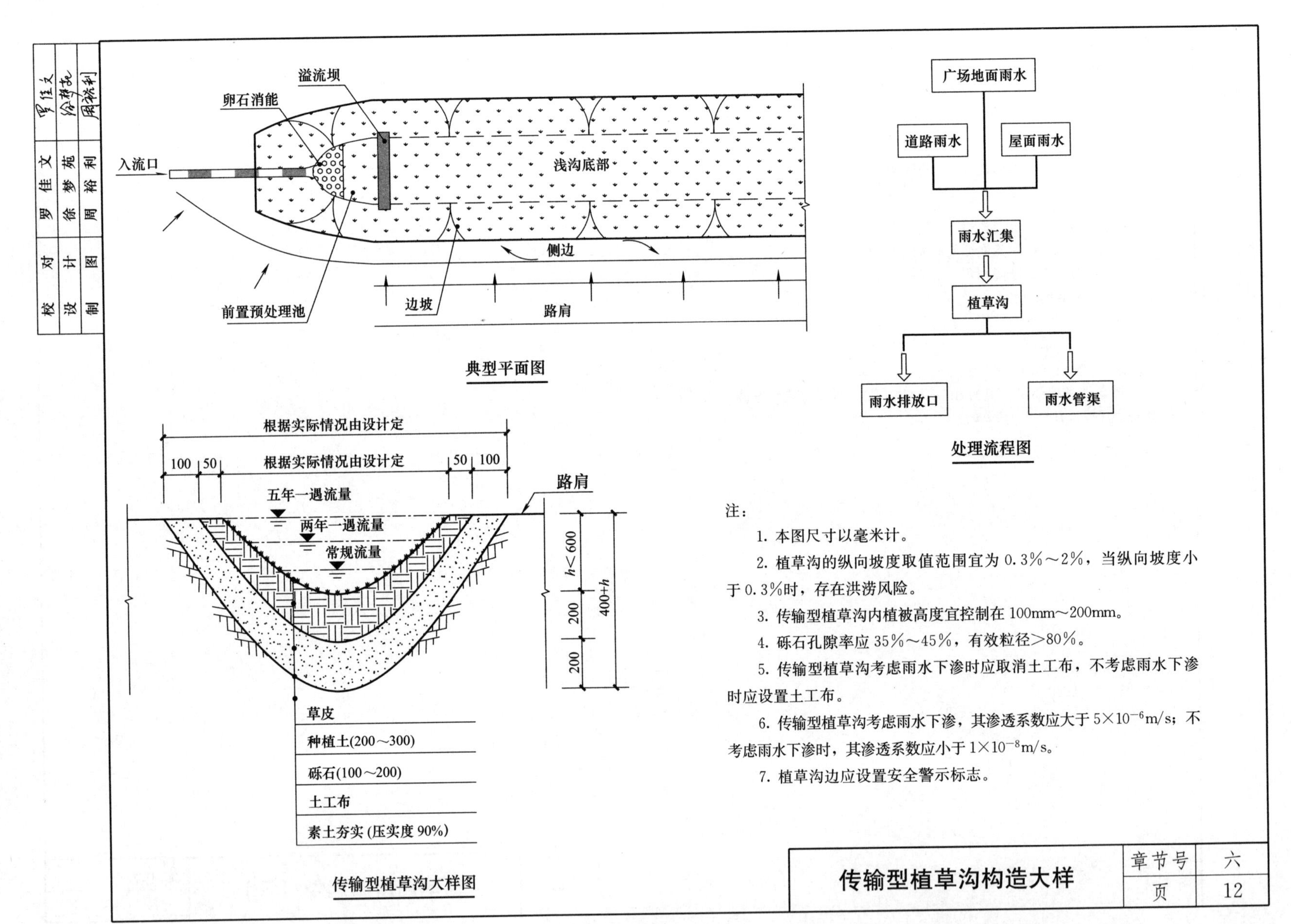
校对 罗佳文
设计 徐梦苑
制图 周裕利
溢流坝
卵石消能
入流口
浅沟底部
侧边
边坡
路肩
前置预处理池
典型平面图
广场地面雨水
道路雨水
屋面雨水
雨水汇集
植草沟
雨水排放口
雨水管渠
处理流程图
根据实际情况由设计定
100
50
根据实际情况由设计定
50
100
路肩
五年一遇流量
两年一遇流量
常规流量
h<600
400+h
200
200
草皮
种植土(200～300)
砾石(100～200)
土工布
素土夯实 (压实度 90%)
传输型植草沟大样图
注：
1. 本图尺寸以毫米计。
2. 植草沟的纵向坡度取值范围宜为 0.3%～2%，当纵向坡度小于0.3%时，存在洪涝风险。
3. 传输型植草沟内植被高度宜控制在 100mm～200mm。
4. 砾石孔隙率应 35%～45%，有效粒径>80%。
5. 传输型植草沟考虑雨水下渗时应取消土工布，不考虑雨水下渗时应设置土工布。
6. 传输型植草沟考虑雨水下渗，其渗透系数应大于 5×10^{-6}m/s；不考虑雨水下渗时，其渗透系数应小于 1×10^{-8}m/s。
7. 植草沟边应设置安全警示标志。
传输型植草沟构造大样
章节号 六
页 12

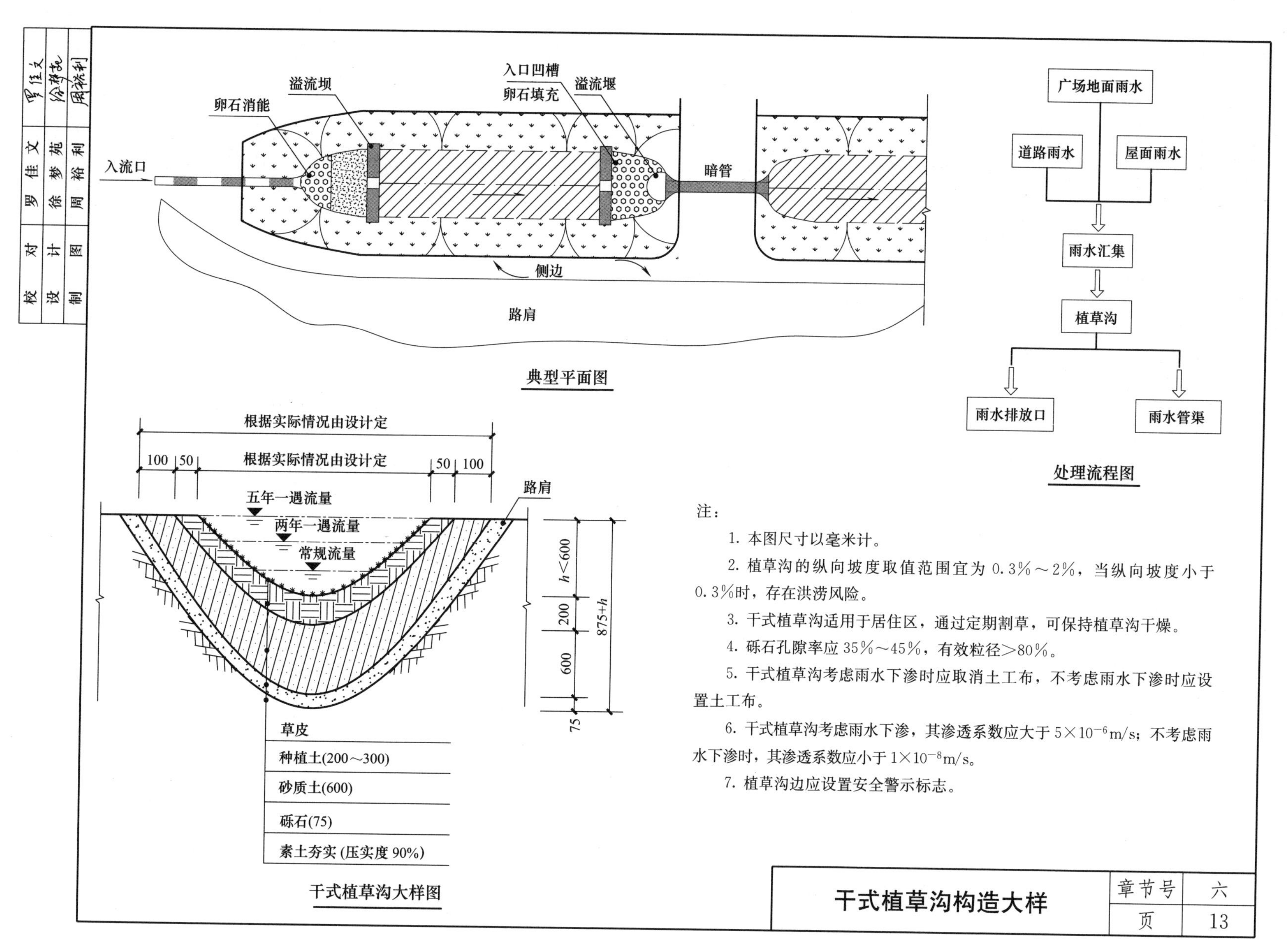
校对 罗佳文
设计 徐梦苑
制图 周裕利
入口凹槽
溢流坝
溢流堰
卵石填充
卵石消能
入流口
暗管
侧边
路肩
典型平面图
广场地面雨水
道路雨水
屋面雨水
雨水汇集
植草沟
雨水排放口
雨水管渠
处理流程图
根据实际情况由设计定
100
50
根据实际情况由设计定
50
100
路肩
五年一遇流量
两年一遇流量
常规流量
h<600
200
600
75
875+h
草皮
种植土(200～300)
砂质土(600)
砾石(75)
素土夯实 (压实度 90%)
干式植草沟大样图
注：
1. 本图尺寸以毫米计。
2. 植草沟的纵向坡度取值范围宜为 0.3%～2%，当纵向坡度小于 0.3%时，存在洪涝风险。
3. 干式植草沟适用于居住区，通过定期割草，可保持植草沟干燥。
4. 砾石孔隙率应 35%～45%，有效粒径>80%。
5. 干式植草沟考虑雨水下渗时应取消土工布，不考虑雨水下渗时应设置土工布。
6. 干式植草沟考虑雨水下渗，其渗透系数应大于 5×10⁻⁶m/s；不考虑雨水下渗时，其渗透系数应小于 1×10⁻⁸m/s。
7. 植草沟边应设置安全警示标志。
干式植草沟构造大样
章节号 六
页 13

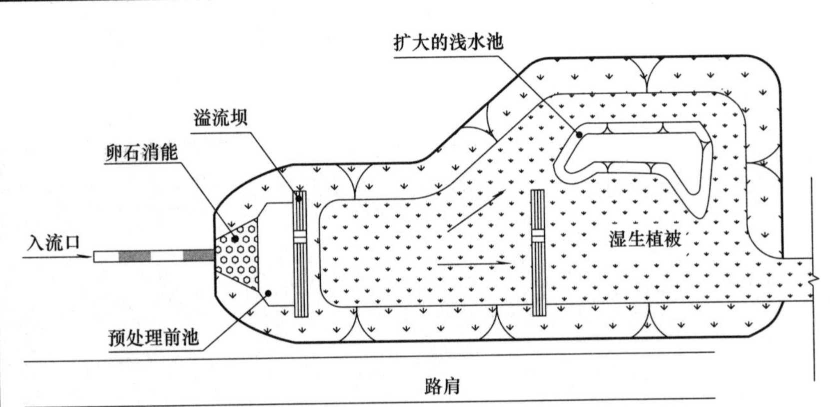

典型平面图

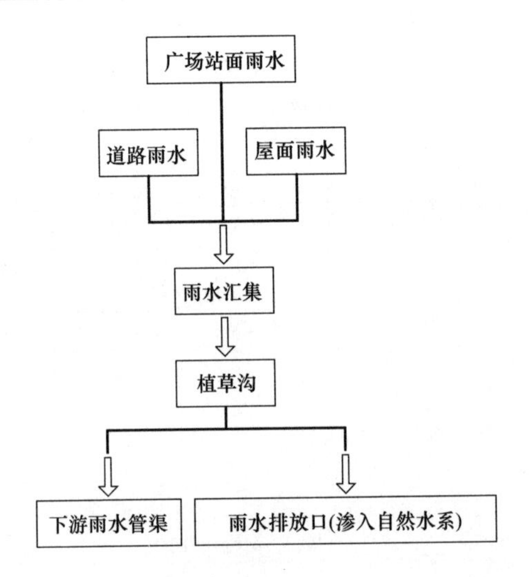

处理流程图

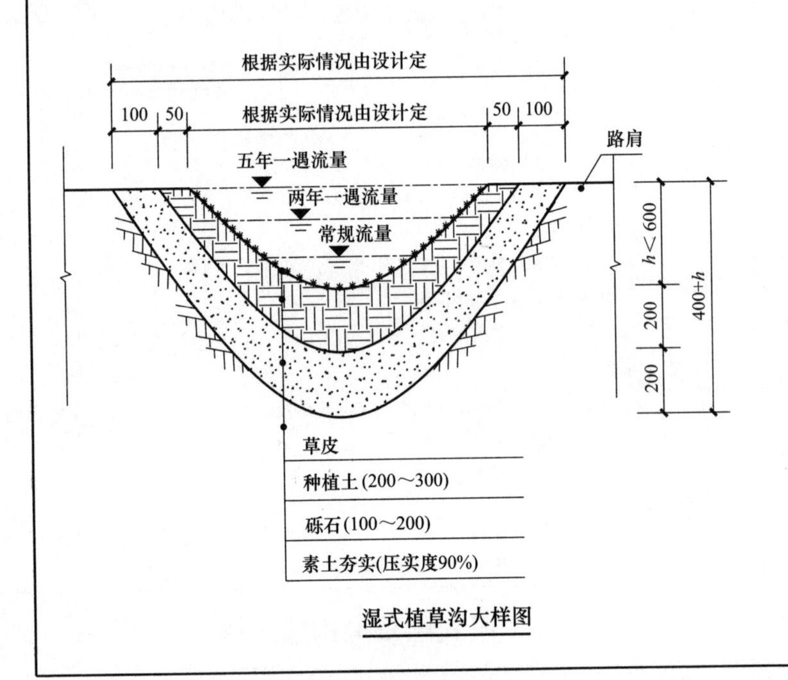

湿式植草沟大样图

注：

1. 本图尺寸以毫米计。
2. 植草沟的纵向坡度取值范围宜为0.3%～2%，当纵向坡度小于0.3%时，存在洪涝风险。
3. 湿式植草沟适用于小型停车场或屋顶的雨水径流，其土壤层在较长时间内潮湿状态。
4. 砾石孔隙率应35%～45%，有效粒径>80%。
5. 湿式植草沟考虑雨水下渗时应取消土工布，不考虑雨水下渗时应设置土工布。
6. 湿式植草沟考虑雨水下渗，其渗透系数应大于5×10^{-6}m/s；不考虑雨水下渗时，其渗透系数应小于1×10^{-8}m/s。
7. 植草沟边应设置安全警示标志。

湿式植草沟构造大样	章节号	六
	页	14

附录一　建筑围护结构外表面太阳辐射吸收系数 ρ 值

面层类型	表面性质	表面颜色	ρ 值
红褐陶瓦屋面	旧	红褐	0.74
灰瓦屋面	旧	浅灰色	0.52
水泥瓦屋面		深浅灰色	0.69
浅色油毛毡屋面	不光滑、新	浅黑色	0.72
绿豆砂保护层屋面		浅黑色	0.65
黑色油毛毡屋面	不光滑、新	深黑色	0.86
石灰粉刷墙面	光滑、新	白色	0.48
水刷石墙面	粗糙、旧	浅灰色	0.68
红砖墙面	旧	红色	0.77
硅酸盐砖墙面	不光滑	黄灰色	0.50
浅色饰面砖		浅黄、浅绿色	0.50
抛光铝反射板		浅色	0.12
水泥拉毛墙	粗糙、旧	米黄色	0.65
白水泥粉刷墙面	光滑、新	白色	0.48
水泥粉刷墙面	光滑、新	浅黄色	0.56
砂石粉刷墙面		深色	0.57
混凝土砌块		灰色	0.65
混凝土墙	平滑	深灰色	0.73
黑色漆	光滑	深黑色	0.92
灰色漆	光滑	浅灰色	0.91
褐色漆	光滑	淡褐色	0.89
绿色漆	光滑	深绿色	0.89
棕色漆	光滑	深棕色	0.88
蓝色漆、天蓝色漆	光滑	深蓝色	0.88
中棕色漆	光滑	中棕色	0.84
浅棕色漆	光滑	深棕色	0.80
棕色、绿色喷泉漆	光滑	中棕、中绿色	0.79
红油漆	光滑	大红色	0.74
浅色涂料	光滑	浅黄、浅红	0.50
银色料	光滑	银色	0.25
绿色草地		绿色	0.80
水(开阔湖、海面)			0.96

注：节能、隔热设计计算时，反射隔热外饰面的太阳辐射吸收系数取值应采用污染修正系数进行修正，污染修正后的太阳辐射吸收系数应按式（B.0.1-1）计算。

$$\rho' = \rho \cdot \alpha \quad \text{(B.0.1-1)}$$

$$\alpha = 11.348(\rho \times 100)^{-0.6241} \quad \text{(B.0.1-2)}$$

式中　ρ——修正前的太阳辐射吸收系数；

ρ'——修正后的太阳辐射吸收系数，节能、隔热设计计算时；

α——污染修正系数，当 $\rho < 0.5$ 时修正系数按式（B.0.1-2）计算，当 $\rho \geqslant 0.5$ 时，取 α 为 1.0。

附录二　玻璃隔声性能

构造	厚度	计权隔声量 R_w(dB)	频谱修正量		R_w+C	R_w+C_{tr}
			C(dB)	C_{tr}(dB)		
单层玻璃	3	27	−1	−4	26	23
	5	29	−1	−2	28	27
	8	31	−2	−3	29	28
	12	33	0	−2	33	31
中空玻璃	4+6A～12A+4	29	−1	−4	28	25
	6+6A～12A+6	31	−1	−4	30	27
	8+6A～12A+6	35	−2	−6	33	29
	6+6A～12A+10+	37	−1	−5	36	32

注：本表根据《建筑隔声与吸声构造》08J931中的资料编制，夹层玻璃又名夹胶玻璃。

附录三　密封材料的隔声效果

门缝密封材料	平均隔声量(dB)
全密封	49.7
q字形橡胶条	42.4
矩形海绵橡胶条	40.0
矩形乳胶条20厚	35.6
毛毡14厚	35.9
角钢、海绵条	40.0
圆钢、海绵条	37.1

注：本表来源于《建筑隔声与吸声构造》08J931。

附录四 采用夹层玻璃（夹胶玻璃）隔声窗隔声性能

频率	100	125	160	200	250	315	400	500	630	800	1000	1250	1600	2000	2500	3150	4000	计权隔声量 R_w(dB)	频谱修正量		R_w+C	R_w+C_{tr}
																			C(dB)	C_{tr}(dB)		
国产 8+0.76+8	19.7	23.2	27.2	28.7	30.8	33.1	35.1	35.0	35.2	35.1	35.8	37.3	40.3	41.3	40.8	41.5	45.0	38	−2	−5	36	33
杜邦 10+0.76+12	20.2	24.0	27.0	28.3	31.7	33.3	34.1	33.2	32.8	32.2	34.8	37.4	39.8	41.0	38.5	37.8	42.1	37	−1	−4	36	33
佳士富 10+0.76+12	19.8	22.9	26.9	28.0	30.8	31.6	32.8	32.4	31.7	31.3	33.1	36.0	39.2	40.0	37.3	35.9	40.3	36	−1	−4	35	32

注：本表根据《建筑隔声与吸声构造》08J931中的资料编制。

附录五 铝塑共挤门窗概述

1. 型材特征

铝塑共挤门窗型材，是以壁厚大于1.0mm的多空腔的铝合金型材作衬，在其外表面上采用挤出发泡成型工艺包覆。一层厚3.5mm以上的微发泡聚氯乙烯塑料（简称：微发泡PVC）而成的一种复合型材。其中，微发泡PVC层与铝合金衬之间复合的构造特征是：铝合金腔壁带有燕尾槽，使之与微发泡PVC层牢固榫接。主型材铝合金衬的空腔特征是：沿窗热流传递方向的空腔数量不少于3，腔内筋厚大于0.6mm。

2. 型材的技术特点

铝塑共挤门窗型材，利用在多空腔的铝合金内衬的外表面连续包覆的微发泡PVC层所具有的绝热性，有效降低铝合金型材整体的传热系数，提高其保温和节能性能。利用多空腔带有燕尾槽结构的铝合金衬的抗变形能力提高型材整体的力学性能；利用微发泡PVC表皮硬质成型特征以满足型材的使用要求。此外，采用铝塑共挤专用设备和模具生产可确保型材质量稳定，生产型材的单位能耗较低。

3. 铝塑共挤门窗的技术特点

依靠复合型材保温性能提高整窗的节能性能；型材具有良好的抗变形能力，通过采用高强度的金属角码连接工艺，使整窗具有良好的力学性能和安全性能，并节约了材料的用量。此外，整窗还具有耐腐蚀、易加工成型、组合窗型工艺灵活等特点。

附录六　建筑涂膜隔热节能玻璃

1. 建筑涂膜隔热节能玻璃概述

建筑涂膜隔热节能玻璃是一种表面涂覆了透明隔热涂料，具有较高的可见光透射比和较低遮阳系数的节能玻璃。

建筑玻璃用透明隔热涂料是以合成树脂或合成树脂乳液为基料，与功能性颜填料及各种辅助剂配制而成，在建筑玻璃表面施涂后形成表面平整的透明涂层，具有较高的红外线阻隔效果的涂料。

该涂料适用于既有建筑改造，也有通过工业化生产线制作成涂膜单片玻璃或涂膜中空玻璃，用途拓展到了新建建筑。目前，建筑涂膜隔热节能玻璃除传统的在玻璃基质表面涂膜之外，也有将隔热涂料淋涂在PET材质上，在工厂形成贴膜成品。在工地现场，将贴膜保护层揭掉，而直接贴覆在玻璃上。

2. 主要物理性能

主要物理性能

序号	试验项目	B型	F型
1	附着力	0	≤1
2	硬度	≥3H	≥H
3	耐水性	168h无异常	—

3. 主要光学性能

主要光学性能

序号	试验项目	Ⅰ型	Ⅱ型	Ⅲ型
1	可见光透射比（%）	≥40	≥50	≥60
2	遮蔽系数	≤0.55	>0.55，≤0.65	>0.65，≤0.80

附录七　广州地区常见屋面绿化植物一览表

序号	种名	科名	学名	备注
1	竹柏	罗汉松科	Podocarpus macrophyllus	小乔木
2	龙柏	柏科	Sabina chinensis(L.)	小乔木
3	桂花	木犀科	Osmanthus sp	小乔木
4	鸡蛋花	夹竹桃科	Plumeria rubra	小乔木
5	铺地柏	柏科	Procumbent juniper	灌木
6	勒杜鹃	紫茉莉科	Bougainvillea spectabilis Willd	灌木
7	海桐	海桐科	Pittosporum tobira	灌木
8	鸭脚木	五加科	Schefflera octophylla	灌木
9	金银花	忍冬科	Lonicera japonica Thunb	灌木
10	金叶假连翘	马鞭草科	Duranta repens'Variegata'	灌木
11	扶桑	锦葵科	Hibiscus rosa-sinensis Linn	灌木
12	丝兰	百合科	Yucca smalliang Fern	灌木
13	灰莉	马钱科	Fagraea ceilanica Thunb	灌木
14	狗牙花	夹竹桃科	Ervatamia divaricata	灌木
15	栀子	茜草科	Gardenia jasminoides	灌木
16	福建茶	紫草科	Carmona microphylla	灌木
17	龙船花	茜草科	lxora chinensis Lam	灌木
18	希美莉	茜草科	hamelia patens	灌木
19	绿叶朱蕉	龙舌兰科	Cordyline fruticosa	灌木
20	金脉爵床	爵床科	Sanchezia speciosa	地被
21	蜘蛛兰	石蒜科	Hymenocallis littoralis	地被
22	绿景天	景天科	Rhodiola purpureoviridis	地被
23	佛甲草	景天科	Sedum lineare Thunb	地被
24	玉吊钟	景天科	Kalanchoe fedtschenkoi 'Rosy Dawn'	地被
25	太阳花	马齿苋科	Portulaca grandiflora	地被
26	紫叶鸭趾草	景天科	Setcreacea purpure Boom	地被
27	红花酢浆草	酢浆草科	Oxalis corymbosa DC	地被
28	石竹	石竹科	Dianthus chinensis L.	地被
29	鸳鸯茉莉	茄科	Brunfelsia latifolia Benth	地被
30	台湾草	禾本科	Philodenron selloum Koch	地被
31	炮仗花	紫葳科	Pyrostegia venusta	藤本
32	常春藤	五加科	Hedera nepalensis var. sinensis (Tobl.)Rehd	藤本
33	凌霄	紫葳科	Campsis grandiflora	藤本